喀斯特地区生态文明建设与实践探索

周忠发　张勇荣　闫利会 等　著

科 学 出 版 社

北 京

内容简介

本书以喀斯特地区生态文明建设为主线，从分析国家生态文明建设的背景与战略布局，地方生态文明实践及建设需求出发，结合喀斯特地区的生态环境特征、社会经济发展状况及生态文明建设过程，基于资源环境承载能力评价，以贵州省和典型喀斯特地区生态文明实践建设的典型案例形式，提出生态文明建设的主要实施路径探索，阐述了贵州在国家重点生态功能区建设、生态保护红线、易地扶贫搬迁、大生态产业布局与产业链发展等生态文明建设研究中的探索与实施路径。

本书可作为政府决策部门制定生态恢复、生态文明建设与乡村振兴规划的理论指导，也可作为高等院校和科研院所地学与生态环境类师生及研究人员的工具书。

审图号：黔 S〔2022〕007 号

图书在版编目(CIP)数据

喀斯特地区生态文明建设与实践探索 / 周忠发等著. —北京：科学出版社，2023.3

ISBN 978-7-03-074023-6

Ⅰ.①喀… Ⅱ.①周… Ⅲ.①喀斯特地区–生态环境建设–研究–贵州 Ⅳ.①X321.273

中国版本图书馆 CIP 数据核字(2022)第 223525 号

责任编辑：李小锐 / 责任校对：彭　映
责任印制：罗　科 / 封面设计：墨创文化

科学出版社出版
北京东黄城根北街16号
邮政编码：100717
http://www.sciencep.com

成都锦瑞印刷有限责任公司印刷
科学出版社发行　各地新华书店经销

*

2023 年 3 月第　一　版　　开本：787×1092 1/16
2023 年 3 月第一次印刷　　印张：9 1/2
字数：230 000

定价：128.00 元

（如有印装质量问题，我社负责调换）

《喀斯特地区生态文明建设与实践探索》

作者名单

周忠发　张勇荣　闫利会　陈　全
刘智慧　朱昌丽　黄登红　熊　勇

序

党的十八大报告明确提出“五位一体”总体布局，将生态文明建设放在突出地位，融入经济建设、政治建设、文化建设、社会建设各方面和全过程，努力建设美丽中国，实现中华民族永续发展。生态文明是人类社会发展的必由之路，步入社会主义生态文明新时代是中国人民的必然选择。贵州位于长江和珠江两大水系上游地带，是“两江”上游重要生态安全屏障，是西南重要的水土保持和石漠化防治区。在贵州开展生态文明建设，有利于发挥贵州的生态环境优势和体制机制创新优势，探索一批可复制、可推广的生态文明重大制度成果，走出一条有别于东部、不同于西部其他省份的发展新路，对贵州牢牢守住发展和生态两条底线，实现绿水青山和金山银山有机统一具有重大意义。

该书作者周忠发教授博学力行，勇于开拓创新，领衔组建“全国高校首批黄大年式教师团队”贵州师范大学地理学教师团队，依托国家喀斯特石漠化防治工程技术研究中心、喀斯特山地生态环境国家重点实验室培育基地、国家遥感中心贵州分部(贵州省遥感中心)等科研平台，长期致力于喀斯特地区生态环境保护与可持续发展、绿色脱贫与乡村振兴、地理时空大数据等研究。近年来，该团队围绕贵州国家生态文明试验区建设需求，服务地方经济社会高质量发展，在理论方法、关键技术创新与实践方面积极开展了大量深入的工作，其中多项研究成果被国务院、贵州省人民政府以及地方行业部门推广应用，在助力贵州坚决守好发展和生态两条底线、优化国土空间开发保护格局、支撑“一方水土养不好一方人”的喀斯特贫困山区脱贫攻坚成果巩固以及加快构建绿色产业体系方面发挥了重要作用。

《喀斯特地区生态文明建设与实践探索》一书正是他们多年来研究工作的系统总结，立足于喀斯特脆弱复杂的生态环境背景，结合贵州生态文明建设历程，以典型案例研究的形式探讨了贵州生态文明建设的实践路径，是对生态文明建设一系列问题的深入实践，为区域开展生态文明建设研究提供了有力支撑。“他山之石，可以攻玉”，该书的实践路径与方法可为其他西部欠发达省份和国家生态文明试验区的生态文明建设提供参考和借鉴，同时该书对于从事生态文明研究和实践工作的广大读者，也不失为一本很有价值的读本。

中国科学院院士
周成虎
2022年10月于北京

前　言

地处中国西南喀斯特山区的贵州是“两江”上游的重要生态安全屏障，生态环境良好，生态安全地位极为重要，但受特殊的喀斯特地貌发育影响，生态系统敏感且抗干扰能力弱、生态环境脆弱程度高。良好的生态环境是贵州最大的发展优势和竞争优势，开展生态文明建设，发挥生态优势，促进经济社会发展全面绿色转型，是区域可持续发展的必由之路。习近平总书记对贵州生态文明建设寄予厚望，党的十八大以来对贵州生态文明建设提出重要指示和殷殷嘱托。在总书记的关怀下，贵州省生态文明建设从认识到实践都发生了历史性、转折性、全局性的重要变化，激励贵州在生态文明建设的道路上砥砺前行，坚守发展和生态两条底线，按照创新、协调、绿色、开放、共享的新发展理念指导发展，把绿水青山真正变成了金山银山，探索了一条具有贵州特色的生态文明建设新路，贵州的生态文明建设已然成为我国生态文明建设成就的一个缩影。

本书正是以习近平总书记关于推进生态文明建设重要论述与重要讲话精神为指导，以研究团队十余年来参与贵州生态文明建设工作为基础，围绕喀斯特地区生态文明建设的科学内涵与理论基础，开展资源环境承载能力评价、国土空间优化布局、国家重点生态功能区建设、生态保护红线划定、易地扶贫搬迁以及大生态产业布局的探索与实践，以期为喀斯特生态脆弱区守好发展与生态两条底线、高质量推进生态文明建设、助力区域生态环境的改善与生态系统服务功能的提高提供科学依据，为拓宽喀斯特贫困山区绿色可持续发展道路提供科技支撑。

在喀斯特地区生态文明建设研究以及本书的编写过程中，作者始终得到所在单位贵州师范大学领导的关怀，得到“全国高校首批黄大年式教师团队”贵州师范大学地理学教师团队建设项目、贵州省教育科学规划课题“喀斯特地区生态文明建设地域特色课程研究”、“地理科学”国家一流本科专业建设点、“自然地理学”国家一流本科课程建设、“贵州师范大学地理学”学科建设、全国党建工作标杆院系贵州师范大学地理与环境科学学院(喀斯特研究院)党委等的支持，得到国家喀斯特石漠化防治工程技术研究中心、贵州省喀斯特山地生态环境国家重点实验室培育基地、国家遥感中心贵州分部(贵州省遥感中心)等平台支持，得到贵州省发展和改革委员会、贵州省生态移民局、贵州省乡村振兴局、六盘水市生态移民局、荔波县发展改革和工信商务局等单位的支持，在此深表感谢。

本书共八章，第一章介绍生态文明建设的背景与战略布局，主要由周忠发、张勇荣完成；第二章介绍贵州喀斯特生态环境特征与生态文明建设，主要由周忠发、张勇荣、熊勇完成；第三章和第四章是贵州资源环境承载能力评价和喀斯特地区城镇、农业与生态空间优化布局，主要由周忠发、闫利会、陈全、黄登红完成；第五章至第八章是生态文明建设的主要实施路径探索，阐述贵州在国家重点生态功能区建设、生态保护红线、易地扶贫搬迁、大生态产业布局与产业链发展等生态文明建设研究中的探索与实施路径，主要由周忠发、张勇荣、闫利会、朱昌丽、刘智慧完成。闫利会、张勇荣、陈全主要负责内容整理和插图处理，周忠发对全书进行了最终修改和审定。参与野外调研、数据整理、数据库建设等研究工作的还有彭睿文、封清、赵卫权、张露、王玲玉、王翠、朱孟、赵馨等博士研究生，以及牛子浩、伍贵洁、张扬、马国璇、张文辉、李永柳、张霞、孔杰、孙耀鹏等硕士研究生，落实党建工作标杆院系建设与实践方面工作的有杨建红、郭锐、朱琳、翁应芳等，在此一并深表感谢。

特别感谢为本书作序的周成虎院士多年来对研究团队的悉心指导和关怀。

作者

2022 年 10 月

目　录

第一章　生态文明建设的背景意义与战略布局

生态文明是人类社会的新型文明形态，是工业文明快速发展的必然产物，是人类遵循经济、社会、自然发展规律而达到的发展新阶段，在人类文明发展史中具有重大的意义。生态兴则文明兴，生态衰则文明衰。生态文明建设关乎中华发展、关乎人类未来、关乎全球福祉。走向生态文明新时代，建设人与自然和谐共生的现代化，需要我们持续努力、久久为功。

第一节　生态文明与生态文明建设

一、生态文明的概念

“生态”一词源于古希腊语，有“家”或“环境”的意思，是指生物在一定自然条件下的生存与状态，包含它们之间和它们与环境之间相互影响、相互依存的关系的总和。“文明”是从“野蛮”发展而来的，是人类进步的表现，是人类社会所创造的物质与精神财富的总和。生态文明，由“生态”与“文明”构成，是“生态”与“文明”的结合体。

费切尔和孟庆时在《论人类生存的环境——兼论进步的辩证法》一文中第一次明确提出了“生态文明”概念，其含义是指应当在认识科学技术的消极效应和自然资源有限性的基础上，破除不利于人和生态和谐发展的资本主义社会，建立一个人类与自然共同进步和生态平衡的社会(费切尔和孟庆时，1982；王雨辰，2021a)。美国学者罗伊·莫里森(Roy Morrison)在《生态民主》(*Ecological Democracy*)中将生态文明定义为：生态文明是工业文明之后的新型文明形态(杜建红，2010)。我国的生态文明理论研究始于20世纪80年代，并在西方生态思潮的影响下，逐步形成了对生态文明内涵有不同理解和不同理论谱系的生态文明理论(王雨辰，2021b)。1987年5月在安徽省阜阳市召开的全国生态农业研讨会上，叶谦吉教授呼吁要“大力提倡生态文明建设”。中国学术界首次将“生态文明”定义为：“人类既获利于自然，又返利于自然，在改造自然的同时又保护自然，人与自然之间保持和谐统一的关系”。

基于我国生态环境问题日益突出、资源环境保护压力不断加大的新形势，党的十七大报告首次提出建设生态文明的新理念：建设生态文明，对于实现以人为本、全面协调可持续发展，对于改善生态环境、提高生活质量、全面建成小康社会，都是至关重要的。党的十八大将生态文明定义为：人类为保护和建设美好生态环境而取得的物质、精神与制度成果的总和，贯穿于经济建设、政治建设、文化建设与社会建设的全过程和各方面的系统工程，反映了一个社会的文明进步状态。《贵州省生态文明建设促进条例》指出，生态文明是指以尊重自然、顺应自然和保护自然为理念，人与人和睦相处，人与自然、人与社会和谐共生、良性循环、全面发展、持续繁荣的社会形态。

综上，生态文明是人们在改造客观物质世界的同时，不断克服改造过程中的负面效应，积极改善和优化人与自然、人与人的关系，建设有序的生态运行机制和良好的生态环境所取得的物质、精神、制度方面成果的总和。

二、生态文明建设的背景

中华人民共和国成立之初，面对人民生活困难、国家一穷二白的窘境，政府把全力发展生产力放在了首位。尤其是改革开放以来，发展缓慢的西部地区迫切的发展需求加剧了对能源资源的开发。如今，我国综合国力得到了很大的提升，在经济、社会、科技等方面取得了巨大的成就。同时，我国农业基础显著提升，工业化快速推进，已成为全球第一制造业大国。这些高速发展实际上是以牺牲自然资源、破坏生态环境为代价的。发展过程中不合理的开发利用活动、粗放的经营模式、治理“三废”措施的滞后等原因不仅造成国家资源能源的浪费，而且导致西部地区面临严峻的环境保护形势。生态环境的破坏与退化、资源能源紧缺等现实问题，不仅制约着经济社会的快速发展，而且影响着人民群众的生活质量。良好的生态环境，不仅是西部地区可持续发展的支撑条件，也是中华民族生态安全的重要保障。因此，加强西部地区生态文明建设具有重要战略意义。

党的十八大报告指出了中国生态问题的严重性，强调建设生态文明的迫切性，提出要“加强生态文明宣传教育，增强全民节约意识、环保意识、生态意识，形成合理消费的社会风尚，营造爱护生态环境的良好风气”。生态文明建设是中国特色社会主义事业的重要内容，关系人民福祉，关乎民族未来，事关“两个一百年”奋斗目标和中华民族伟大复兴中国梦的实现。面对资源约束趋紧、环境污染严重、生态系统退化的严峻形势，必须树立尊重自然、顺应自然、保护自然的生态文明理念，把生态文明建设放在突出地位，融入经济建设、政治建设、文化建设、社会建设各方面和全过程，努力建设美丽中国，实现中华民族永续发展。

党的十九大报告指出，我国生态文明建设成效显著。大力度推进生态文明建设，全党全国贯彻落实绿色发展理念的自觉性和主动性显著增强，忽视生态环境保护的状况明显改变。生态文明制度体系加快形成，主体功能区制度逐步健全，国家公园体制试点积极推进。全面节约资源有效推进，能源资源消耗强度大幅下降。重大生态保护和修复工程进展顺利，森林覆盖率持续提高。生态环境治理明显加强，环境状况得到改善。引导应对气候变化国际合作，成为全球生态文明建设的重要参与者、贡献者、引领者。

生态文明建设是实践发展的结果，同时也是实践进一步发展的需要。生态文明建设会为经济、政治、文化、社会永续发展提供载体，必将使美丽中国变成现实。

三、生态文明建设的意义

建设生态文明，是关系人民福祉、关乎民族未来的长远大计。近年来，随着日益突出的生态问题、资源问题和人地矛盾，人们逐步意识到以牺牲生态环境为代价来谋求经济增长的行为是不可取的。我国是世界第二大经济体，也是制造业第一大国，在发展经济的同时更应该聚焦生态文明建设。党的十八大将生态文明建设提到与经济建设、政治建设、文化建设、社会建设并列的位置，形成了中国特色社会主义“五位一体”的总体布局，这标志着我国开始走向社会主义生态文明新时代。大力推进生态文明建设具有以下重大意义。

（一）生态文明建设是实现中华民族伟大复兴的根本保障

历史经验告诉我们，一个国家、一个民族的崛起必须有良好的自然生态作保障。生存与生态是密不可分的关系。生态文明建设通过多种渠道对人类社会的生存和发展进行重大的引导和调整，提供了科学的世界观和方法论，进而指引我国走上科学发展的轨道。我们要实现中华民族伟大复兴，就要大力推进生态文明建设，实现人与自然和谐发展，这是中华民族伟大复兴的基本支撑和根本保障。

（二）生态文明建设是发展中国特色社会主义的战略需要

坚持和发展中国特色社会主义要求我们结合中国现有国情和主要矛盾，走中国特色社会主义道路。经过长期努力，中国特色社会主义进入新时代。发展中国特色社会主义要求坚持人与自然和谐共生，树立与践行“绿水青山就是金山银山”的理念，建设美丽中国，为人民创造良好的生产生活环境。建设生态文明，契合中国特色社会主义道路的必然要求，是走中国特色社会主义道路的战略需要。

（三）生态文明建设是推动我国经济社会发展的必要途径

改革开放以来，我国经济社会发展成就巨大，同时积累了不少人与自然的矛盾和问题。发展过程中由于资源约束趋紧、环境污染严重等问题，导致发展不平衡、不协调的矛盾突出，城乡差别、地区差别、收益分配差别扩大，生态退化、环境污染加重，民生问题凸显以及道德文化领域里的消极现象等难题急需解决。推动经济、社会的科学发展要求我们必须树立尊重自然、顺应自然、保护自然的生态文明理念，把生态文明建设融合贯穿到经济、政治、文化、社会建设的各方面和全过程，只有加大保护和修复自然生态系统的力度，建立科学合理的生态补偿机制，形成节约资源和保护环境的空间格局，调整产业结构、生产方式及生活方式，才能从源头上扭转生态环境恶化的趋势。

（四）生态文明建设是顺应人民群众新期待孕育而生的

现阶段我国社会的主要矛盾是人民日益增长的美好生活需要和不平衡不充分的发展之间的矛盾。人们生活水平和质量的不断提升，使得人们从过去希望能吃饱饭、保障基本生活的简单要求，转变为期待建设山清水秀、有幸福感家园的美好希望。大力推进生态文明建设正是顺应人民要求而做出的战略决策。要求人民尊重自然、顺应自然、保护自然，过上低碳环保的绿色生活。生态文明建设不仅是为了当代人的生活空间能够优美宜居，更是为了后辈人能永享这样的舒适生活空间和绿水青山、蓝天白云的生态空间。为了顺应时代潮流，契合人民期待，生态文明建设理念逐渐孕育而生。

中国新时代下的生态文明建设昭示着人与自然的和谐相处，命运与共。人们生产、生活方式从根本上发生了改变，坚持大力推进生态文明建设的决心没有变。生态文明建设是关系人民福祉、关乎民族未来的长远大计，也是全党全国的一项重大战略任务。

第二节　我国生态文明建设的战略布局

一、生态文明建设的战略要求

习近平指出，人与自然是生命共同体，人类必须尊重自然、顺应自然、保护自然。我们要建设的现代化是人与自然和谐共生的现代化，既要创造更多物质财富和精神财富以满足人民日益增长的美好生活需要，也要提供更多优质生态产品以满足人民日益增长的优美生态环境需要。必须坚持节约优先、保护优先、自然恢复为主的方针，形成节约资源和保护环境的空间格局、产业结构、生产方式、生活方式，还自然以宁静、和谐、美丽。

（一）推进绿色发展

加快建立绿色生产和消费的法律制度和政策导向，建立健全绿色低碳循环发展的经济体系。构建市场导向的绿色技术创新体系，发展绿色金融，壮大节能环保产业、清洁生产产业、清洁能源产业。推进能源生产和消费革命，构建清洁低碳、安全高效的能源体系。推进资源全面节约和循环利用，实施国家节水行动，降低能耗、物耗，实现生产系统和生活系统循环链接。倡导简约适度、绿色低碳的生活方式，反对奢侈浪费和不合理消费，开展创建节约型机关、绿色家庭、绿色学校、绿色社区和绿色出行等行动。

（二）着力解决突出环境问题

坚持全民共治、源头防治，持续实施大气污染防治行动，打赢蓝天保卫战。加快水污染防治，实施流域环境和近岸海域综合治理。强化土壤污染管控和修复，加强农业面源污染防治，开展农村人居环境整治行动。加强固体废弃物和垃圾处置力度。提高污染排放标准，强化排污者责任，健全环保信用评价、信息强制性披露、严惩重罚等制度。构建政府为主导、企业为主体、社会组织和公众共同参与的环境治理体系。积极参与全球环境治理，落实减排承诺。

（三）加大生态系统保护力度

实施重要生态系统保护和修复重大工程，优化生态安全屏障体系，构建生态廊道和生物多样性保护网络，提升生态系统质量和稳定性。完成生态保护红线、永久基本农田、城镇开发边界三条控制线划定工作。开展国土绿化行动，推进荒漠化、石漠化、水土流失综合治理，强化湿地保护和恢复，加强地质灾害防治。完善天然林保护制度，扩大退耕还林还草。严格保护耕地，扩大轮作休耕试点，健全耕地草原森林河流湖泊休养生息制度，建立市场化、多元化生态补偿机制。

（四）改革生态环境监管体制

加强对生态文明建设的总体设计和组织领导，设立国有自然资源资产管理和自然生态监管机构，完善生态环境管理制度，统一行使全民所有自然资源资产所有者职能，统一行使所有国土空间用途管制和生态保护修复职能，统一行使监管城乡各类污染排放和行政执法职能。构建国土空间开发保护制度，完善主体功能区配套政策，建立以国家公园为主体的自然保护地体系。坚决制止和惩处破坏生态环境行为。

习近平总书记强调，生态文明建设功在当代、利在千秋。我们要牢固树立社会主义生态文明观，推动形成人与自然和谐发展现代化建设新格局，为保护生态环境做出我们这代人的努力。

二、生态文明建设的战略部署

（一）国家战略

面对能源短缺、生态破坏、环境污染等生态问题，党的十六大提出要走“生产发展、生活富裕、生态良好”的文明发展道路；党的十七大第一次提出“生态文明”概念，指出“建设生态文明，基本形成节约能源资源和保护生态环境的产业结构、增长方式、消费模式”；党的十八大将生态文明建设提升至国家战略的高度，把生态文明建设纳入社会主义现代化建设总体布局，并写入党章；中共十八届五中全会后，增强生态文明建设首度被写入国家“十三五”规划；党的十九大把“坚持人与自然和谐共生”作为新时代坚持和发展中国特色社会主义基本方略的重要组成部分。

2016年11月24日，国务院正式印发《“十三五”生态环境保护规划》（国发〔2016〕65号），是“十三五”统筹部署全国生态环境保护工作的基本依据。为充分发挥主体功能区在推动生态文明建设中的基础性作用，2017年10月12日，中共中央、国务院发布《关于完善主体功能区战略和制度的若干意见》（中发〔2017〕27号），2017年9月23日，中共中央办公厅、国务院办公厅下发关于印发《国家生态文明试验区（贵州）实施方案》（中办发〔2017〕57号）的通知。

习近平总书记在党的十九大报告中指出：要加快生态文明体制改革，建设美丽中国；人与自然是生命共同体，人类必须尊重自然、顺应自然、保护自然；必须树立和践行“绿水青山就是金山银山”的理念。

习近平总书记在党的二十大报告中指出：尊重自然、顺应自然、保护自然，是全面建设社会主义现代化国家的内在要求。必须牢固树立和践行绿水青山就是金山银山的理念，站在人与自然和谐共生的高度谋划发展。

（二）西部战略

西部地区是我国长江、黄河等大江大河的发源地，是我国重要的生态屏障区，是国家重要资源的战略接续地，是森林、草地、湿地等生态资源的集中分布区和重要的生物多样性集聚区，承载着我国主要江河源头的水源涵养、防风固沙和生物多样性保护等重要生态功能。同时，西部地区也是我国生态环境极为脆弱、环境承载能力较低、自然资源破坏较为严重的地区。

西部生态环境的先天脆弱性与不合理的人类活动共同造成了西部地区生态环境的破坏及退化，并对中东部这些大江大河下游地区的生态环境产生了重要影响。党和国家把加强生态环境保护和建设作为实施西部大开发的重要切入点，先后在西部地区实施了退耕还林还草、退牧还草、石漠化治理、“三北、长江、珠江”防护林建设、生态移民等重大生态工程，大力恢复和增加林草植被，减少水土流失，长江上游、黄河上中游等重点流域生态环境得到了明显改善。《西部大开发“十三五”规划》明确提出：在筑牢国家生态安全屏障方面，坚持守住发展和生态两条底线，既要利用好“金山银山”，又要保护好“绿水青山”。

伴随着西部大开发战略的实施，中国西部地区发生了翻天覆地的变化，地区的发展能力也不断得到提高。如何解决西部地区高质量、可持续发展的需要和脆弱的生态环境之间的矛盾，已成为摆在我们面前的现实课题。

第二章　贵州喀斯特生态环境与生态文明建设

第一节　贵州喀斯特

一、喀斯特概况

（一）概念

喀斯特(Karst)一词，原是原南斯拉夫(现斯洛文尼亚)西北部伊斯特里亚(Istria)半岛上石灰岩高原的地区名称，具有某种特殊的地貌和水文现象的地理区域(卢耀如，2000)。19 世纪末，南斯拉夫学者茨维奇(J.Cvijic)研究了这一地区的奇特地貌，并将这种地貌称为喀斯特，建立了世界上第一个喀斯特理论概念，并发展成为世界通用学术语。

《地理学名词(第二版)》对喀斯特的定义为：可溶岩在天然水中经受化学溶蚀作用形成的具有独特的地貌和水系特征的自然景观。国内学者将凡是水对可溶性岩石以化学或生物化学过程(溶解和沉淀)为主、机械过程(流水侵蚀与沉积、重力崩塌和堆积等)为辅的破坏和改造作用称为喀斯特作用，综合反应化学式是 $CaCO_3 + CO_2 + H_2O \rightleftharpoons Ca^{2+} + 2HCO_3^-$，赋予这种作用的水文现象称为喀斯特水文，由这种作用产生的地下管道称为喀斯特洞穴，塑造的地貌称为喀斯特地貌。喀斯特(岩石圈)与大气圈、水圈、生物圈耦合，构成了喀斯特自然生态环境。

（二）分布

世界喀斯特地貌总面积达 2200 万 km^2，约占全球陆地面积的 15%，其中裸露地表的有 510 万 km^2。从寒冷的极地到炎热的赤道，从海岸到内陆，从大洋岛屿到世界屋脊，喀斯特都有分布。全球最引人注目的一条碳酸盐岩带是从中国向西，经中东到地中海，并与大西洋西岸美国东部的碳酸盐岩分布区相望。在这条全球碳酸盐岩带上，分布着三大集中的岩溶区，即东亚岩溶区、欧洲地中海周边岩溶区和美国东部岩溶区。具体地域包括中国西南、越南北部、中南欧的阿尔卑斯山、法国中央高原、俄罗斯乌拉尔、北美洲东部地区和中美洲的古巴、牙买加等地区。它们也是全球主要的生态脆弱地区(袁道先，2016)。

中国喀斯特地貌分布总面积达 344 万 km^2，约占全国陆地面积的 1/3，其中出露地表的约有 130 万 km^2，约占国土总面积的 13.5%。中国是世界上喀斯特分布面积最大的国家，从热带到寒带，各种喀斯特地貌类型齐全，几乎所有省份都有喀斯特的分布，但多分布于贵州、广西、云南等。中国岩溶在世界岩溶分布中属于欧亚板块岩溶，具有碳酸盐岩古老坚硬、新生代大幅度抬升、未受末次冰期大陆冰盖刨蚀等鲜明特色，以及季风气候的水热配套等有利条件。发育充分，形态多样，保存完好，堪称世界之冠，成为“世界岩溶的立典之地”。

中国南方喀斯特面积达 55 万 km^2，为我国南方面积的 50%，占整个中国喀斯特面积的 55%。2007 年第 31 届世界遗产大会审议通过的“中国南方喀斯特一期”遗产地由云南石林剑状喀斯特、贵州荔波锥状喀斯特和重庆武隆峡谷喀斯特组成。2014 年第 38 届世界遗产大会以广西桂林塔状喀斯特、贵州施秉白云岩喀斯特、重庆金佛山台原喀斯特以及作为荔波喀斯特遗产地拓展的广西环江喀斯特 4 个成员作为“中国南方喀斯特二期”成功申遗。“中国南方喀斯特”集中了中国最具代表性的喀斯特地形地貌区域，作为全球重要的两个喀斯特演化模式地之一，例证了热带亚热带湿润季风气候地区喀斯特地质、地貌、生物的演化过程与结果，与在温带气候条件下发育的迪纳里克喀斯特形成重要的互补（熊康宁，2013）。

中国南方喀斯特区域以贵州高原为中心，贵州省喀斯特总面积达 10.9 万 km^2，约占全省总面积的 61.9%，若加上覆盖型和浅埋藏型喀斯特，喀斯特分布面积约 13 万 km^2，占全省总面积的 73.79%，高居全国之首，丰富的碳酸盐岩加上西南湿润的热带亚热带气候，岩溶作用强烈，使这一地区成为全球喀斯特发育最典型、最复杂、景观类型最丰富的片区之一，也是全球三大岩溶集中连片区中面积最大、岩溶发育最强烈的典型生态脆弱区（熊康宁 等，2002）。世界著名喀斯特学家斯威廷（Sweeting）博士 1986 年在贵州考察喀斯特后指出：“世界喀斯特发育的许多理论问题都将依靠这里的研究成果而得到解决。”

二、喀斯特特征

（一）地质背景

地质条件是喀斯特形成的基础，包括可溶性岩石性质、地层组合和构造、地壳运动和地质历史等方面。

（1）贵州地质构造活动复杂。贵州地处我国西部云贵高原向东部低山丘陵过渡的高原斜坡地带，其形成既受滨太平洋东亚构造域的控制，又受印度板块与亚洲板块汇聚运动的影响，形成了以北东—北北东向和北西向为主的多期次强烈的褶皱构造变形，褶皱以侏罗山式褶皱为主，并伴随多期断裂构造活动（袁春 等，2003）。中元古代晚期至志留纪阶段，通过大洋板块俯冲带的向洋迁移，大陆不断向南增生，贵州由濒临陆缘的大洋环境经过活动性大陆边缘逐渐转化为大陆地壳。泥盆纪至晚三叠纪中期，由于扩张作用，陆块发展经历了裂前隆起、地壳拉伸变薄、裂陷、上隆剥蚀、强烈沉陷和消亡 6 个时期。三叠纪晚期以来则受太平洋板块俯冲和印度洋板块与欧亚板块碰撞的影响，初期的上升使之结束了全部海相沉积史，进入内陆环境发展阶段，由大型内陆拗陷盆地变为晚期的小型断陷盆地（张殿发 等，2002）。古近—新近纪以来，在长期湿热的热带、亚热带气候环境下，以及强烈的大面积、大幅度自东向西倾斜上升，并伴以局部断块上升和断陷盆地的相对下降的新构造运动控制下，地形切割强烈，地势起伏大，喀斯特发育复杂，区域分异明显，地貌类型多样，水动力条件的区域变化显著（高贵龙 等，2003）。

（2）贵州地层岩性质纯、层厚。贵州地层自中元古代至第四纪均有出露，具有由东向西地质年代变新的总体趋势，以海相沉积岩发育和古生物化石丰富为主要特色。中、晚元古代沉积物以海相陆源碎屑岩为主，夹火山碎屑岩及碳酸盐岩；古生代至晚三叠世中期沉积物由海相碳酸盐岩夹碎屑岩组成；晚三叠世晚期以后全为陆相沉积(贵州省地质矿产局，2013)。贵州隶属有很厚沉积盖层的上扬子准地台区，沉积了自震旦纪到三叠纪各时代大面积分布的浅海相碳酸盐岩，岩石多以质纯、层厚，钙、镁含量很高的石灰岩和白云岩为主，其总厚度达 6200～8500m，占沉积盖层的 70%以上，出露面积占全省总面积的 73%。贵州分布面积最广且最具区域特色的峰林、峰丛、丘丛-峰丛喀斯特地貌，主要是在三种不同碳酸盐岩的基础上发育而成(李兴中，2001)。一是中下三叠统碳酸盐岩组。岩性以白云岩、石灰岩为主，次为白云岩夹泥灰岩、泥质白云岩及黏土岩等，其 CaO/MgO 的平均值为 1.69～17.85，酸不溶物为 2%～8.56%，大面积分布于黔中及黔西南高原，典型喀斯特地貌景观为峰林。二是下石炭统上部至上石炭统、下二叠统碳酸盐岩组。岩性以厚层块状为主，间夹白云岩及白云质灰岩等，其 CaO/MgO 的平均值为 5.00～67.25，酸不溶物为 0.62%～5.8%，是贵州喀斯特发育最强烈的地层岩性单位，集中连片分布于贵州高原南部斜坡，在北盘江、乌江上游深切河谷沿岸亦有较大面积分布，形成起伏甚大的峰丛地貌。三是中上寒武统碳酸盐岩组。岩性以厚层块状白云岩为主，其 CaO/MgO 的平均值仅为 1.53～2.53，酸不溶物为 11.24%～25.97%，喀斯特发育程度普遍较低，大面积分布于贵州东部及北部，形成独具特色的喀斯特丘丛-峰丛地貌。总之，贵州地层全、厚度大、分布广，给喀斯特发育奠定了雄厚的物质基础，这在全世界也不多见。

(3) 贵州地貌发育演化复杂。贵州喀斯特地貌具有复杂的地质环境和发育演化历史，在贵州 10 多亿年的地史构造运动中，主要经历了武陵、雪峰(晋宁)、加里东、海西—印支、燕山—喜马拉雅 5 个发展阶段。在距今约 5.7 亿年前，雪峰运动使江南古陆上升，气候变冷，形成冰川，震旦纪冰碛层厚达 1000m 以上，这是贵州喀斯特具有地貌意义的第一发育期。寒武纪后 4 亿多年前的加里东运动，黔中纬向隆起上升为陆，使中上寒武系受到强烈的喀斯特化作用，造成黔中地区古生代沉积岩层的重大缺失，并使石炭系和二叠系地层直接不整合覆盖在中上寒武系地层上，这是一次很大的喀斯特化时期(肖时珍，2007)。三叠纪约 1.9 亿年前，在印支运动后，贵州开始隆起为陆，结束了屡遭海侵的历史。距今 6500 万年前的燕山运动，不仅使贵州进一步隆升，更重要的是发生了有史以来最强烈的褶皱断裂，为喀斯特发育打开了新的一页，经历一系列最显著的喀斯特发育过程，构成了喀斯特地貌的基本骨架(杨明德，1993)。新构造运动(指古近—新近纪末期到第四纪的构造运动)以自东向西大面积大幅度的间歇性掀斜隆升为主，并经历了上新世末期和早更新世末期等强烈隆升阶段，奠定了贵州现代地貌的基本轮廓和水系格局，随后基准面的下降导致高原面开始受到主河流的切割。中更新世以来，新构造运动仍以大面积大幅度的间歇性掀斜整体隆升为主，伴随着明显的新构造沿老构造复活，产生愈来愈频繁的断块差异升降运动，出现多级剥夷面、多级河谷阶地及多层溶洞等(熊康宁，1996)。第四纪内外营力的活跃性，就其新生代的喀斯特演化史而言，是一个继续隆升为高原的历史。从此，贵州喀斯特进入了一个新的发育时期，即经历了大娄山期褶皱断块山地-盆地形成阶段、山盆期峰林与峰丛喀斯特发育阶段、乌江期喀斯特高原-峡谷形成阶段等重要的发育时期(高贵龙，2003)。贵州地质史上最后一次新构造运动铸就并确定了今天贵州高原西高东低，自中部向北、东、南三面倾斜的地势，进而影响贵州水热条件和水运力条件来控制喀斯特地貌的发育，形成了贵州复杂壮丽的喀斯特景观。

（二）地貌分区

贵州碳酸盐岩分布区以溶蚀作用为主，碳酸盐岩及碳酸盐岩夹碎屑岩区则为溶蚀-侵蚀或溶蚀-构造作用。李宗发在李兴中（2001）对贵州喀斯特三个碳酸盐岩组地层发育分布进行研究的基础上，按成因和组合形态特征，将贵州喀斯特地貌分成三大成因类型和十六种形态组合类型。贵州喀斯特地貌三大成因类型可划分为溶蚀地貌、溶蚀-侵蚀地貌和溶蚀-构造地貌，并以主体地貌形态为依据将贵州连片区域喀斯特地貌划分为三个喀斯特地貌区，分别是黔中—黔西南喀斯特峰林区、黔南—黔西北喀斯特峰丛区、黔北—黔东北喀斯特丘丛-峰丛区（李宗发，2011）。需要说明的是，这三类划分不是绝对的，不同的喀斯特地貌类型在分布上常有穿插交互现象。

1）黔中—黔西南喀斯特峰林区

该类型连片分布在黔中和黔西南地区。发育的地层岩性主要是中下三叠统的白云岩和石灰岩，以及白云岩类泥质白云岩和钙质白云岩等。在该类型区域形成了遍及高原面上以喀斯特峰林（峰林谷地、峰林洼地、峰林盆地）为主的地貌景观，喀斯特地貌形态尤以塔状锥峰为典型；其次穿插和交叉发育有溶丘盆地、峰丛峡谷、峰丛沟谷，在分水岭地带还发育溶丘洼地、残丘坡地、断块山沟谷等地貌。

2）黔南—黔西北喀斯特峰丛区

该类型连片集中分布在贵州高原南部斜坡的独山—紫云一带和贵州西部乌江上游的赫章、威宁，以及北盘江中上游的水城—盘州一带的深切河谷沿岸，分布较广。峰丛主要发育在上古生界中泥盆统至中二叠统盐酸盐岩中，尤以下石炭统上部至中二叠统石灰岩最为发育，是贵州喀斯特地貌最为发育的岩石地层单元。该区以形成起伏甚大的喀斯特峰丛地貌（峰丛洼地、峰丛峡谷、峰丛沟谷）为主，其次发育有溶蚀断陷谷（盆）地，其锥峰多且甚为陡峻，有不少直立者形成壮观的塔峰。按照贵州峰丛地貌分布的地理位置不同，可进一步划分为黔南峰丛地貌亚区（紫云—罗甸—荔波一带）和黔西北峰丛地貌亚区（威宁—水城—盘州一带）两个亚区。

3）黔北—黔东北喀斯特丘丛-峰丛区

该类型大面积分布于长江与珠江水系分水岭以北的贵州北东部，尤以黔东北和黔北最为典型。喀斯特地貌发育的地层岩性主要是下寒武统上部至下奥陶统下部白云岩，以及下三叠统白云岩，其中以寒武系中上统娄山关群最发育，但喀斯特发育程度一般不高，多形成独特的喀斯特丘丛地貌（丘丛山地和丘峰谷地），其次也伴有峰丛谷地、峰丛峡谷、峰丛沟谷、断陷谷（盆）地和垄脊槽谷等喀斯特地貌。

（三）地貌类型

贵州喀斯特在中国及世界喀斯特中占有极其重要的地位，与周边的云南、四川、湖南和广西相比，具有明显的区域性特征。贵州喀斯特可以划分为五大类型。

1）高原台地型

地貌特点为溶蚀孤峰、残丘。贵州是一个山地特征十分显著的高原山区，海拔600～1400m的面积占全省总面积的67.3%，各种高原山地占全省国土总面积的87%。杨怀仁(1944)最早提出贵州地貌发育三个阶段：大娄山期、山盆期和乌江期。大娄山期是贵州最早的夷平面，其形成于中生代至古近纪末，现在的1500m以上的山峰是其代表，是贵州最早形成的高原面，经过水流侵蚀剥蚀，现在仅存残留的峰顶和具有切平构造的残丘。地貌景观集中分布在地形平缓的高原分水岭夷平面上，峰体分散矮小，呈星状散布，负地形开阔宽广，河流密集，曲流发育，地下水埋藏浅，泉潭众多，如西南面积最大、海拔最高的天然草场——乌蒙大草原、西南第一大高山台地喀斯特草甸草场——务川仡佬大草原、典型高原台地——花溪高坡等。

2）斜坡过渡型

地貌特点为峰丛、洼地、天坑、天生桥。贵州地处云贵高原东南坡向广西丘陵过渡地带，地势西北高东南低。碳酸盐岩层经强烈的垂直溶蚀作用后，形成基座高低不一的溶蚀山峰，聚集成簇，溶峰多为锥状或塔状，即峰丛，峰丛间形成面积较大的圆形或椭圆形封闭洼地。这种峰丛与洼地的地貌组合构成了典型的喀斯特峰丛洼地景观，主要分布在贵州高原边缘的斜坡地带、红水河、南盘江、北盘江及其一级支流两侧。通常在洼地底部有落水洞或竖井发育，甚至发育成一种特大型喀斯特负地形地质奇观——喀斯特漏斗群，又称天坑群。当喀斯特地下河的顶板崩塌后，残留部分的两端与地面连接而中间悬空的桥状地形形成天生桥景观，如贵州平塘天坑群、水城金盆天生桥等。

3）溶蚀谷地型

地貌特点为峰林盆地、谷地、石林。在峰林盆地类型中，盆地多系喀斯特准平原沿新构造断陷所致的构造坡立谷，有的则为向斜构造基础上发育起来的盆地，多具有封闭宽大、向心水系发育、河湖相沉积物较厚、沿构造走向延伸的特征。沿可溶性岩层断裂带或构造带溶蚀发育而成的峰丛间夹谷地，谷地全封闭或半封闭，长度长达1km以上，谷地中伴有岩溶地下水涌出，甚至汇集成较大的地表河流过境流出。峰丛谷地在地表河流流水的不断侵蚀下最终裂隙扩大，将石峰切割开，形成基座不相连的峰林。不同类型的峰林相辅相成，组成雄奇浩瀚的岩溶景观，如兴义万峰林、平坝峰林等。

4）深切峡谷型

地貌特点为峡谷、瀑布。贵州地貌发育阶段的乌江期始于中更新世。第四纪以来，新构造运动大面积、大幅度地间歇性掀斜隆升及局部断块升降，贵州地势再度隆起，河流纵横迅速下切，许多河谷上形成明显的裂点，加之贵州河流多为山区性河流，水流急，坡降大，裂点侵蚀下切强，河谷常出现基岩裸露。不同河段因构造和岩性不同，表现出不同的河谷地貌特征，常以V形谷、峡谷、箱形谷、宽谷等形态为主，峡谷两岸常见支流形成瀑布跌水注入干流，如乌江大峡谷、马岭河大峡谷、北盘江花江大峡谷等。瀑布在地质学上叫跌水，即河水在流经断层、凹陷等地区时垂直地从高空跌落的现象，主要与断层带、落水洞，多含泥质、硅质的岩层以及陡立的成层构造有关，常见“向岩后撤”现象的溯源侵蚀发育演化历史，具有多级、多期的特征。贵州瀑布众多，多以河流侵蚀而成为主，也有落水洞、暗河出口及地下河等不同类型瀑布，如著名的黄果树瀑布、赤水大瀑布。

5)地下埋藏型

地貌特点主要为溶洞。喀斯特溶洞是地下水沿着可溶性岩石的层面、节理或断层进行溶蚀和侵蚀而形成的地下孔道。贵州是喀斯特洞穴特别发育地区，在碳酸盐岩广布地区，地层岩性表现为厚层灰岩的地区洞穴极为发育，其次为中厚层灰岩，中薄层灰岩、白云岩(周忠发，2004)。成层构造溶洞中的喀斯特形态主要有石钟乳、石笋、石柱、石幔等。贵州洞穴(群)分布超过上万个，较著名的有安顺织金洞、铜仁九龙洞、绥阳双河洞等。

三、贵州省情

贵州省，简称“黔”或“贵”，总面积为 176167km^2，占全国总面积的 1.8%，截至 2021 年 3 月，贵州省共辖 6 个地级市、3 个自治州，共 88 个县级行政区。贵州地处云贵高原东部，隆起于四川盆地、广西丘陵盆地和湘西丘陵，属于我国地势的第二级阶梯。地势西高东低，自中部向北、东、南三面倾斜，平均海拔在 1100m，地貌可概括为高原山地、丘陵和盆地三种基本类型，其中山地和丘陵的面积达 92.5%。土壤面积为 159100km^2，占全省土地总面积的 90.3%，土壤地带性属中亚热带常绿阔叶林红壤-黄壤地带，发育有石灰土、紫色土等土类，可用于农业生产的土壤仅占全省总面积的 83.7%，土壤资源数量明显不足。

贵州气候属亚热带湿润季风气候区，平均气温为 15℃，年降水量为 1300mm 左右，为典型夏凉地区。受季风、大气环流及地形等影响，降水多集中于夏季，阴天多超过 150d，常年相对湿度在 70%以上，气候多样，“一山分四季，十里不同天”。灾害性天气种类较多，凝冻、冰雹、干旱等频度大，对农业生产危害大。植被类型繁多，区系成分复杂，空间分布过渡性明显。植物区系以热带及亚热带性质的地理成分占明显优势，在地理分布上相互重叠、交叉，各种植被类型组合复杂多样。贵州气候和生态条件复杂多样，立体农业特征明显，农业生产地域性、区域性较强，有利于山地特色农业发展。

贵州山脉众多，北部有大娄山，主峰为娄山关；中南部苗岭横亘，主峰为雷公山；东北境有由湘蜿蜒入黔的武陵山，主峰为梵净山；西部高耸乌蒙山，韭菜坪海拔 2900.6m，为全省最高峰；黔东南州黎平县地坪乡水口河出省界处海拔 147.8m，为全省最低点。境内河流分属长江和珠江流域，以苗岭为分水岭，以北属长江流域，流域面积为 115747km^2，占全省面积的 65.7%，主要有乌江、赤水河、清水江、㵲阳河、牛栏江等；苗岭以南属珠江流域，流域面积为 60420km^2，占全省面积的 34.3%，主要有南盘江、北盘江、红水河、都柳江等。河流山区性特征明显，大多上游河谷开阔，水流平缓；中游河谷束放相间，水流湍急；下游河谷深切狭窄，水量大，水力资源丰富。贵州有 69 个县属长江防护林保护区范围，是长江、珠江上游地区的重要生态屏障。

贵州省内地域分异明显，岩溶生态系统特殊，是世界喀斯特地貌发育最典型的地区之一，喀斯特(出露)面积为10.9万km^2，占全省总面积的61.9%，是全国唯一没有大平原支撑的农业省份，喀斯特构成了贵州最重要的省情之一，是一个名副其实的“喀斯特省”。因此，喀斯特生态文明建设与经济协调发展不仅在贵州和中国的喀斯特区，甚至在世界喀斯特区都具有重要的示范作用。

第二节　贵州喀斯特脆弱生态环境

一、属性特征

喀斯特具有岩石可溶性和二元三维结构，是特殊的地质、地貌、气候、水文、土壤等组合。喀斯特生态环境是一种特殊的物质体系(地球化学过程占主导地位的双重含水介质碳酸盐岩系)、能量体系(碳、钙循环交换、贮存转移强烈)、结构体系(地表、地下二元三维空间地域系统)和功能体系(开放系统下强溶蚀动力过程的熵控自组织功能)构成的多相多层次复杂界面体系，属环境相对均衡要素之间突发转接或异常空间临接的一个非线性典型域，多样性和脆弱性并存(苏维词和朱文孝，2000)。

贵州喀斯特山区是一种相对独特的地域环境单元，由于其形成的碳酸盐岩基质的特殊性，地域结构对光、热、水、土、气等环境要素再分配异质性强，土地类型复杂，区域分异明显，生态环境多样。喀斯特地貌环境与常态地貌有着极大的差别，生境的严酷性和脆弱性是其最典型的基本特征(陈清惠，2007)。严酷性集中表现为地面崎岖、岩石裸露率高、土壤浅薄零星、水土漏失和养分供应及保存能力差等。脆弱性是严酷性的结果，集中显示出环境界面变异敏感度高、空间转移能力强、生态系统竞争程度高、生物量小、被替代概率大、环境容量小、土地承载力低、承灾能力弱、抗干扰稳定性差等一系列脆弱特征，一旦受破坏后，自然恢复的速度极慢，难度极大，成为地球上最脆弱的生态环境之一。

二、脆弱表现

(1)土壤脆弱性。喀斯特地表基质主要是由可溶性矿物和少量酸性不溶物组成的石灰岩等碳酸盐岩类，不仅风化速度慢，而且含碎屑矿物及杂质很少，$CaCO_3$和$MgCO_3$易溶物含量很高，化学淋溶作用强烈。成土物质来源少，成土非常缓慢，形成1cm厚的土层，至少需40000a。喀斯特土壤多分布于洼地，且厚度分配不均，土壤中酸性不溶物含量低，一般呈弱碱性，植物所需Fe、Zn等微量元素短缺，土壤有机质主要集中在土体表层，一旦表土流失，土壤肥力迅速下降，变得更加贫瘠。这是贵州喀斯特山区土层浅薄且分布不连续、生态环境先天不足及脆弱性强的背景和基本原因(熊康宁和池永宽，2015)。

(2)水文脆弱性。喀斯特区地表-地下双层结构的普遍性以及水土空间分离的系统格局，决定了水环境具有脆弱的特征。“地下水滚滚流，地表水贵如油”是贵州的真实写照，受季风湿润气候影响，降水时间分布不均匀，地表遇干旱极易形成缺水，地下因管道排水网通畅性差异遇暴雨又极易壅塞造成局部涝灾。地表崎岖破碎，山多坡陡的结构不利于水土资源的保存，土壤剖面中通常缺乏C层(过渡层)，在基质碳酸盐母岩和上层土壤之间，存在“上松下紧”软硬明显不同的两种质态界面，岩土间黏着力、亲和力差，降低了斜坡体稳定性，加剧了水、土、肥的流失，若遇强降雨冲刷极易诱发水土流失、块体滑移等地质灾害。

(3) 植被脆弱性。喀斯特山区水文地质结构特殊，裂隙漏斗发育，是一种典型的钙生性环境，对植被生长的选择限制作用强，使岩溶区植被多偏喜钙、旱生、石生等特点，“石包树”现象在喀斯特山区随处可见。植被类型与盖度是喀斯特生态中最重要最敏感的要素，直接决定着自然生态系统功能的强弱，当人类活动干预强度加大后，从原始植被类型到现有植被类型发生了改变，生态系统的正向演替速率慢且易中断，群落结构相对简单，自调控能力弱，生物多样性减少，植物初级生产力降低，固土保水功能变差，土壤碳汇功能减弱，生态系统功能稳定性降低，这是喀斯特生态环境脆弱的重要原因。

(4) 人文环境脆弱性。过去，贵州喀斯特山区受特殊自然条件和历史、社会、经济等因素的影响，外界文化、技术、信息难以进入，长期处于封闭环境之中，加之又是少数民族主要聚居地，山地民族文化特性典型，人文环境脆弱性强。基础设施薄弱，产业发展滞后，农民增收困难，贫困代际传递明显。2013 年，在全国“胡焕庸线”沿线的 14 个集中连片特困地区中，贵州就处于武陵山片区、乌蒙山片区和滇黔桂石漠化片区。

第三节 贵州生态文明建设

一、发展历程

1972 年，第一次国际环保大会——联合国人类环境会议在瑞典斯德哥尔摩召开，罗马俱乐部发布报告《增长的极限》，掀起了世界性的环境保护热潮，1980 年世界自然保护联盟(World Conservation Union)首次清晰地提出并定义“可持续发展”理念，中国一直在努力与国际同步，并逐步成为全球生态文明建设的倡导者、推动者。回溯改革开放以来，贵州在生态文明建设道路上砥砺前行，进行了多年生态文明建设试验，形成了较为坚实的生态文明基础，探索了一条具有贵州特色的建设新路。在前人研究成果的基础上(王红霞，2019)，综观贵州生态文明建设发展历程，大致发展可概括为探索起步、重点攻关、战略推进和示范升级四个阶段。

(一) 探索起步阶段

1978 年，中共十一届三中全会开始规划森林法、草原法、环境保护法等法律，1983 年第二次全国环境保护会议确立环境保护为我国长期坚持的一项基本国策。1986 年，贵州省委、省政府对贫困山区实行了“粮食、人口、生态综合治理”的发展战略，明确提出改变“单打一”的经营思想和掠夺性的耕作方式，按生态学原理统筹安排农林牧布局，有计划有步骤地实行农业综合开发，基本思想即在严格控制人口增长的基础上，一手抓商品粮基地建设，一手抓生态环境的治理(刘正威，1991)。1988 年，国务院批准建设贵州首个以“开发扶贫、生态建设、人口控制”为主题的毕节试验区，开启了破解人口膨胀、生态恶化、经济贫困三大难题，以开发扶贫促进生态建设，以生态建设促进开发扶贫的生态文明发展探索之路。

（二）重点攻关阶段

1992 年开始，我国生态文明建设从环境保护阶段进入可持续发展阶段，党和国家对生态文明的认识和建设实践有了重要推进。1994 年发布《中国 21 世纪议程》，1996 年第四次全国环境保护会议提出保护环境的实质就是保护生产力，1997 年党的十五大报告强调现代化建设中必须实施可持续发展战略，2000 年国务院印发《全国生态环境保护纲要》强调通过生态环境保护，遏制生态环境破坏，确保国民经济和社会的可持续发展。20 世纪 90 年代末，贵州将“可持续发展”确定为区域发展战略，启动实施了水土流失重点防治工程和“两江”上游防护林建设工程。进入 21 世纪后，贵州抓住西部大开发历史机遇启动以退耕还林为重点的生态建设工程，开展南方喀斯特生态环境治理，突破了喀斯特脆弱生态鉴别技术。“十五”期间，贵州高校与科研机构大力围绕石漠化综合防治技术联合攻关，突破了石漠化成因及防治对策，取得了一系列重大成果并示范推广应用。

（三）战略推进阶段

2002 年开始，我国生态文明建设进入科学发展阶段。2003 年，中共十六届三中全会提出要坚持以人为本，树立全面、协调、可持续的发展观。2005 年中央提出“生态文明”的概念，同年贵州提出“生态立省”和实施可持续发展战略。2007 年，党的十七大首次提出“建设生态文明”，建设资源节约型、环境友好型社会，同年，贵州全面贯彻落实科学发展观，确立了“环境立省”发展战略，将“保住青山绿水也是政绩”写进贵州省第十次党员代表大会报告。2008 年，贵州在 78 个喀斯特县（区）正式启动石漠化综合治理工程。2009 年，第一届生态文明国际论坛贵阳峰会成功举办，在中国首次提出“绿色经济”的概念。2012 年，党的十八大召开，提出“五位一体”总体布局，将生态文明建设提升到国家战略高度，同年，把“必须坚持以生态文明理念引领经济社会发展，实现既提速发展又保持青山常在、碧水长流、蓝天常现”写进贵州省第十一次党员代表大会报告。2013 年，中共十八届三中全会首次提出要深化生态文明制度，中央全面深化改革领导小组下设经济体制和生态文明体制改革专项小组。同年，生态文明贵阳国际论坛升级为国家级、国际性高端论坛，贵州成立了统筹和领导全省生态文明建设工作领导小组，提出必须守住发展和生态两条底线。2014 年，贵州获批建设全国生态文明先行示范区。2015 年，贵州“十三五”发展规划提出了“守底线、走新路、奔小康”总要求，并正式启动“绿色贵州”建设三年行动计划，全面绿化宜林的荒山荒地，切实将“守住生态和发展两条底线”从思想认识层面上升到实际行动上。

（四）示范升级阶段

2016 年，贵州省与福建省、江西省一起入选首批国家生态文明试验区，成为首批国家三个生态文明试验区体制改革实验地之一。贵州省十二届人大常委会第二十四次会议第三次全体会议决定自次年起将每年 6 月 18 日设立为“贵州生态日”。2017 年 4 月，中共贵州省第十二次代表大会首次将“大生态”列为继大扶贫、大数据之后的第三大战略行动，是贵州发展路径的进一步升级完善。2017年10月，中共中央办公厅、国务院办公厅印发《国家生态文明试验区(贵州)实施方案》，对贵州加快建设生态文明、推动绿色发展具有里程碑意义。党的十九大报告指出，要加快生态文明体制改革，建设美丽中国，强调建设生态文明是中华民族永续发展的千年大计。贵州省委十二届二次全会，强调必须坚持生态优先、绿色发展，深入实施大生态战略行动，书写好“绿水青山就是金山银山”大文章。2018年1月，贵州印发《贵州省生态扶贫实施方案(2017—2020年)》，明确实施生态扶贫十大工程。同年7月，贵州省委、省政府召开全省生态环境保护大会暨国家生态文明试验区(贵州)建设推进会，是贵州省生态文明建设的历史性大会。2019年贵州实施生态文明绩效评价考核等180多项生态文明制度改革，加快贵州生态文明制度体系建设。2020年，贵州13个方面30项改革举措和经验做法列入《国家生态文明试验区改革举措和经验做法推广清单》。2021年，中共中央政治局常委、全国人大常委会委员长栗战书出席第十一届生态文明贵阳国际论坛时指出：党的十八大以来，贵州建立了国家生态文明建设试验区，坚持守好发展和生态两条底线，按照创新、协调、绿色、开放、共享的新发展理念指导发展，把“绿水青山”真正变成了“金山银山”，贵州既是生态文明建设的探索者，也是生态文明建设成果的受益者，贵州的生态文明建设，是中国生态文明建设成就的一个缩影。

二、取得成效

近年来，贵州始终深学笃用习近平生态文明思想，牢固树立生态优先、绿色发展导向，统筹山水林田湖草系统治理，加大生态系统保护力度，科学推进石漠化、水土流失综合治理。大力发展绿色经济、打造绿色家园、筑牢绿色屏障、完善绿色制度、培育绿色文化，用“五个绿色”助推高质量发展(王淑宜，2019)。奋力在生态文明建设上出新绩，不断做好“绿水青山就是金山银山”这篇大文章，推动多彩贵州发生精彩蝶变，为美丽中国贡献了“贵州智慧”和“贵州模式”。

(一)着力推进生态产业，发展壮大绿色经济

贵州既高度重视生态文明建设，又积极转变发展方式，坚持走高端化、绿色化、集约化发展路子，大力发展绿色经济，深入实施可持续发展战略，推进生态产业化、产业生态化，着力为农业种下“绿色”希望，为工业贴上“绿色”标签，为城市书写“绿色”未来，深入实施绿色经济倍增计划。围绕大数据、中高端制造业和绿色经济发力，不断加快发展绿色制造，推进“千企改造”工程，形成一批千亿级、百亿级示范性、引领性企业梯队集群(如中建科技贵州绿色建筑产业园、贵安新区富士康第四代绿色产业园)。深入推进国家大数据(贵州)综合试验区建设(如大数据国家工程实验室)，实施“百企引领”“千企改造”“万企融合”等行动，数字经济增速连续6年全国第一。2018年贵州率先在全国实施磷化工企业“以渣定产”(如贵州磷化集团)。以“三变”改革为统领，深入实施农业产业革命，巩固提高山地特色农业、坝区特色农业，大力推进刺梨、石斛、油茶、竹等十二大特色生态绿色产业发展，截至2019年8月，共带动280万名贫困农民稳定脱贫。截至2021

年7月，累计认证农产品地理标志产品137个，绿色食品371个，创新发展“平台公司+专业公司+村集体+农户”生产消费扶贫模式。坚持推进生态、产业、旅游“三位一体”协调发展，加快推进全域旅游升级，积极创建国家级旅游度假区(如“平塘特大桥”交旅融合项目、百里杜鹃景区)。贵安新区作为全国首批开展绿色金融改革创新国家级试验区，组建了绿色金融港管委会，统筹协调试验区绿色金融改革创新工作，推动形成黔中城市群核心增长极。截至2020年，贵州绿色经济占地区生产总值比例提高到42%，不断提高人民群众对优美生态环境的获得感，“绿水青山”源源不断地转化为“金山银山”。

(二)大力实施生态移民，着力建造绿色家园

贵州加快推进新型城镇化，将生态文明理念全面融入城乡建设，着力建造绿色家园。全力推进海绵城市建设试点，总结形成了海绵城市规划统筹机制、建设统筹机制、长效管理机制的海绵建设“三机制”(如贵安新区月亮湖公园)。积极拓展转型发展空间、改造提升传统产业、培育发展接续替代产业的资源枯竭型城市的绿色转型道路，探索宜居、宜游、宜业、康养的新型城镇化发展路径(如万山朱砂古镇)。坚决打好污染防治攻坚战，强力推进环境综合整治工程、雨污分流城市河道改造工程、集中式饮用水水源地保护工程，9个中心城市和88个县(市、区)空气质量指数(air quality index，AQI)优良天数比例平均为99%。着力推进农村“厕所革命”(改造197.7万户)、“贵州省村庄清洁行动”、乡村振兴“十百千”示范工程、农村生活垃圾治理、农村污水治理等工作，农村人居环境整治成效不断提升，如碧江区入选全国农村人居环境整治激励候选名单，花溪区农户“门前三包”制度、湄潭县“寨管家”管理模式等成为全省优秀示范，大批“四在农家·美丽乡村”的“旅居农家”乡村旅游建设项目建设取得了喜人成果。贵州大力实施易地扶贫搬迁，自1996年起就在罗甸、长顺、普安、紫云等县启动了易地搬迁扶贫试点。2001～2010年的十年间，全省投入易地搬迁资金24.2亿元，实现8.78万户贫困户、38.27万名贫困群众易地搬迁(王红霞，2019)。根据《贵州省扶贫生态移民工程规划(2012—2020年)》要求，对深山区、石山区等生存条件恶劣地区实施生态移民，2015年起实施大规模生态移民和易地搬迁，192万人搬出大山，创造了易地扶贫搬迁的贵州奇迹，贫困人口的迁出有效缓解了生态环境压力，提高了留守人口资源占用量，促进了全省自然生态环境保护和生态系统修复，从根本上改善了贫困人口的生存环境和发展条件。同时，贵州坚持不懈做好易地搬迁“后半篇文章”，创造性探索形成了以“六个坚持”、“五个三”和“五个体系”为主要内容的政策保障体系，为老百姓营造山水城市、打造绿色小镇、建设美丽乡村、构建和谐社区，让搬迁居民望得见山、看得见水、记得住乡愁。2021年，贵州省新增城区常住人口62万，其中贵阳贵安19万、其他8个区域性中心城市22万、66个县城21万；全省常住人口城镇化率提高到54.33%，全年实施新型城镇化重点项目1693个。

(三)着力守住生态底色，持续筑牢绿色屏障

贵州深入贯彻“山水林田湖草是一个生命共同体”的理念，坚持“共抓大保护、不搞大开发”，走生态优先、绿色发展之路，着力打造长江、珠江上游绿色屏障建设示范区，贵州88个县(市、区)有69个在长江防护林保护区范围内，25个县(市、区)被纳入国家

重点生态功能区，全力推动长江经济带高质量发展。深入加强生态保护和修复力度，着力推进石漠化综合治理和流域生态环境综合整治，全面推进封山育林、退耕还林(草)等森林生态体系建设，进一步提升涵养水源、改良土壤、森林资源和生物多样性保护等生态功能；全力推进草海综合治理，实施退耕还湖、退寨还湖、治污净湖、造林涵湖、退城还湖五大工程，切实保护湿地自然生态。全面推行省、市、县、乡、村五级河长制，实现河道、湖泊、水库等各类水域河长制全覆盖。积极探索建立世界自然遗产保护管理机制，对世界自然遗产地及其缓冲区保护管理实行“多规合一”，严格管控世界自然遗产范围内所有建设、生产、经营等活动(如梵净山)。全面推进绿色矿山建设和矿山地质环境恢复治理，大力开展矿山集中“治秃”，打造西南喀斯特岩溶山区生态发展示范样板(如黔西县古胜村)。坚持开展城市生态修复和功能修补，在着力补齐城市空间缺乏等短板的基础上，增加旅游服务设施和旅游公共空间，提高城市宜居魅力和对外地游客的吸引力，提升市民满意度和幸福感。实施单株碳汇精准扶贫机制，建立贵州省单株碳汇精准扶贫大数据平台，走出了一条生态效益、社会效益和经济效益有机统一的可持续发展之路，天蓝、山绿、水清，百姓富、生态美的多彩贵州新画卷徐徐铺展。

(四)加快建立“四梁八柱”，深化完善绿色制度

贵州紧紧围绕习近平总书记“要正确处理发展和生态环境保护的关系，在生态文明建设体制机制改革方面先行先试，把提出的行动计划扎扎实实落实到行动上，实现发展和生态环境保护协同推进”的重要指示要求，坚持在环境保护、脱贫攻坚、民生保障等方面融入生态文明理念，全方位开展生态文明体制改革创新实验，与时俱进完善绿色制度，出台了系列改革方案措施，着力构建具有贵州特色、系统完备的生态文明制度体系，全面建立了生态文明“四梁八柱”制度框架，13 个方面、30 项改革成果列入国家推广清单。实行严格的生态环境保护制度，大力推动“多规合一”试点，开展省级空间规划、自然资源资产管理体制、生态产品价值实现机制等国家试点；严格对各市州生态文明绩效进行评价考核，率先开展领导干部自然资源资产离任审计，实施生态环境损害赔偿制度；率先将河长制纳入水资源保护条例等地方性法规，设立省、市、县、乡、村五级河长制，实现河流、湖泊、水库河长制全覆盖。探索开展多类型自然资源资产统一确权登记制度，在试点县(市、区)全域调查水流、森林、山岭等 7 类自然资源的基础上，调查确权自然保护区、风景名胜区、森林公园等重要保护区域的 7 类自然资源。探索生态环境监测监察执法垂直管理，组建生态环境保护综合执法队伍。按流域设置环境监管和行政执法机构，统筹实施跨区域、跨流域生态环境管理工作，如贵州、重庆、四川、云南四省(市)协商建立长江上游跨区域环境资源审判协作机制，形成长江上游区域生态修复齐抓共管格局。率先出台了全国首部省级层面生态文明地方性法规《贵州省生态文明建设促进条例》，并颁布实施 30 多部配套法规，组建成立了全国首个环保法庭、环保审判庭(清镇市人民法院环境资源审判庭)，贵州省首例生态环境损害赔偿民事公益诉讼案庭审及黔南州平塘县法院“天眼”宁静区环境保护法庭。出台《贵州省人民政府办公厅关于健全生态保护补偿机制的实施意见》，明确健全生态保护市场体系，完善生态产品价格形成机制，如贵州、云南、四川三省人民政府联合签订赤水河流域横向生态补偿协议，形成成本共担、效益共享、合作共治的流域保

护治理机制。黔中水利枢纽工程上下游流域政府之间建立以财政转移支付为主要方式的横向补偿机制，受益区每年按取水量缴纳生态补偿资金，用于黔中水利枢纽工程的水源地保护、工程设施保护及流域内山水林田湖草生态保护修复工作。开展水电矿产资源资产收益扶贫改革试点，探索建立集体股权参与水电矿产资源项目分红的资产收益扶贫长效机制，促进资源开发与脱贫攻坚有机结合，实现贫困人口共享资源开发成果。

(五)凝聚全民绿色共识，培育传播绿色文化

贵州凝聚全民绿色共识，着力培育绿色文化，五级干部带头上山植树增绿、五级河长“生态日”巡河护绿已成为制度安排，在“贵州生态日”期间，全省上万名生态文明志愿者加入“青清河”保护河湖志愿服务行动、贵州省高校大学生巡河活动、“贵州河流日1+2行动”等志愿服务活动。“天人合一”的生态文明思想深深植根于各族群众心中，展现了许多经验做法和先进典型，如黔东南州锦屏县苗寨文斗生态环保“六禁碑”、从江县丙妹镇岜沙苗寨世代相传的寨规“敬树护树”、江口县太平镇快场村探索建立了“垃圾兑换超市”。涌现出一批默默奉献守护青山的感人的绿色榜样，如普定“森林卫士”张有光、“草海守护者”刘广惠、“与黑叶猴对话的人”肖治金等。2019年。贵州省将生态文明建设和生态环境保护教育纳入中小学和高等教育教学内容，建立完善的生态文明教育体系。出版了覆盖从小学到大学的《贵州省生态文明教育读本》，实现了“生态文明教育进教材进课堂”。在高校开设生态文明相关专业，建立省级重点学科19个，鼓励高校、科研机构加强生态文明研究，营造了全民参与生态文明建设的浓厚氛围，引导各级各类学校师生树立协调人与自然、人与社会和谐关系的价值观念，推进生态文明建设实现人与自然和谐共生的绿色理念，不断提升青少年生态环境保护意识。作为中国生态文明领域唯一的国家级国际性论坛，2009～2021年已连续举办十一届生态文明贵阳国际论坛(表2-1)，成为传播习近平生态文明思想、搭建国际合作、展示中国生态文明建设成果的重要平台，持续唱响贵州生态文明建设“中国好声音”。

表2-1 生态文明贵阳国际论坛统计表

届次	时间	主题
第一届	2009年8月22日	发展绿色经济——我们共同的责任
第二届	2010年7月30日	绿色发展——我们在行动
第三届	2011年7月16日	通向生态文明的绿色变革——机遇和挑战
第四届	2012年7月27日	全球变局下的绿色转型与包容性增长
第五届	2013年7月19日	建设生态文明：绿色变革与转型——绿色产业、绿色城镇、绿色消费引领可持续发展
第六届	2014年7月11日	改革驱动，全球携手，走向生态文明新时代
第七届	2015年6月27日	走向生态文明新时代：新议程、新常态、新行动
第八届	2016年7月9日	走向生态文明新时代：绿色发展·知行合一
第九届	2017年6月27日	走向生态文明新时代：共享绿色红利
第十届	2018年7月6日	走向生态文明新时代：生态优先 绿色发展
第十一届	2021年7月12日	低碳转型 绿色发展 共同构建人与自然生命共同体

（六）守好发展生态底线，擘画畅享绿色未来

贵州牢牢守好发展和生态两条底线，大力实施大扶贫、大数据、大生态三大战略行动，深入推进生态优先、绿色发展主旋律，奋力实现经济赶超进位，生态环境质量明显改善，书写了新时代多彩贵州的“千年之变”。据相关数据显示，贵州地区生产总值增速连续10年位居全国前列，2020年经济总量达到1.78万亿元，从2012年的全国第26位提升到第20位，人均地区生产总值从第31位上升到第25位，绿色经济占比达42%。数字经济增速连续6年居全国第一。清洁能源占比达到52.9%，比全国平均水平高8.1个百分点。“十三五”时期单位地区生产总值能耗下降24.3%，降幅居全国前列。2016年以来，贵州累计完成营造林2988万亩，治理石漠化5234km^2、治理水土流失134万km^2，森林覆盖率达61.51%。县级以上城市空气质量优良天数比率达99.4%；地表水水质优良比例达96.4%；主要河流出境断面水质优良率达100%，生活污水处理率和生活垃圾无害化处理率分别达到95%和93.5%，设市城市生活垃圾焚烧处理能力占比达60%。世界自然遗产地达4处，居全国第1位；公众生态环境满意度居全国第二位。石漠化综合治理中摸索形成的“五子登科”“晴隆模式”“顶坛模式”“关岭模式”等生态-经济-社会效益并举的发展模式，被称作“贵州模式”“贵州经验”，在全国产生了较大影响，这一系列亮眼的成绩，无不诉说着贵州生态文明建设带给多彩贵州的日新月异。“十四五”期间，贵州将立足新发展阶段、贯彻新发展理念、构建新发展格局，坚持以高质量发展统揽全局，守好发展和生态两条底线，深入实施大生态战略行动，以生态文明引领新型工业化、新型城镇化、农业现代化、旅游产业化，把绿色生态理念贯穿到经济社会发展各个方面各个领域，高质量建设国家生态文明试验区，努力在生态文明建设上出新绩，围绕“四新”抓“四化”，谱写新时代高质量发展新篇章，擘画未来“绿满贵州”的美丽画卷。

第三章　贵州资源环境承载能力评价

生态文明建设的持续推进需要摸清家底，开展资源环境承载能力评价与构建合理国土空间开发格局是基础工作，也是优化国土空间开发保护格局、完善区域主体功能定位、划定三条控制线的参考依据。

第一节　资源环境承载能力评价原则与方法

资源环境承载能力，是指在自然生态环境不受危害并维系良好生态系统的前提下，一定地域空间可以承受的最大资源开发强度与环境污染物排放量以及可以提供的生态系统服务能力。资源环境承载能力评价的基础是资源最大可开发阈值、自然环境的环境容量和生态系统服务功能量的确定。

一、评价原则

(1) 立足区域功能，兼顾发展阶段。结合主体功能定位，确立差异化的监测预警指标体系、关键阈值和技术途径；针对经济社会发展阶段和生态环境系统演变阶段的特征，修订和完善关键参数，调整和优化技术方法。

(2) 注重区域统筹，突出过程调控。根据资源环境影响效应，调整预警参数和方法；综合比照资源利用效率和生态环境耗损的变化趋势，确定超载预警区间和监测路线图。

(3) 服从总量约束，满足管控要求。坚持以同一生态地理单元或开发功能单元水土资源、环境容量的总量控制为前提；同时，满足有关部门对水土资源、生态环境等要素的基本管控要求。

(4) 预警目标引导，完善监测体系。坚持预警需求引导监测体系建设，健全监测体系的顶层设计和统筹研究，逐步完善监测预警的数据支撑体系。

二、评价方法

以县级行政区为评价单元，开展陆域评价，确定超载类型，划分预警等级，全面反映贵州省国土空间资源环境承载能力状况，并分析超载成因、预研对策建议。具体技术路线如下。

(一) 开展陆域评价

包括基础评价和专项评价两部分。基础评价采用统一指标体系，对贵州省全域以县级行政区为单元进行评价，包括土地资源、水资源、环境和生态四项基础要素进行全覆盖评价。专项评价根据《贵州省主体功能区规划》，分别对城市化地区和重点生态功能区进行评价。

(二)确定超载类型

对贵州省 88 个评价单元开展综合集成评价，采取“短板效应”原理确定超载、临界超载、不超载 3 种超载类型。将基础评价与专项评价中任意一个指标超载和 2 个以上(不含 2 个)指标临界超载的组合确定为超载，2 个以下(包含 2 个)指标临界超载的组合确定为临界超载类型，其余为不超载类型。

(三)确定预警等级

针对贵州省 88 个县(市、区)开展过程评价。分别计算 10 年来土地资源利用效率变化、水资源利用效率变化、水污染物(化学需氧量)排放强度变化、水污染物(氨氮)排放强度变化、大气污染物(二氧化硫)排放强度变化、大气污染物(氮氧化物)排放强度变化和生态质量变化 7 个单项指标，得到陆域资源消耗指数，根据资源环境耗损加剧与趋缓程度，进一步确定预警等级，其中，超载区域分为红色和橙色两个预警等级，临界超载分为黄色和蓝色两个预警等级，不超载为无警。

(四)超载成因分析与发展建议

采用因子分析、主成分分析及 GIS(geographic information system，地理信息系统)空间分析方法，分析土地资源压力、水资源开发利用、环境污染物超标指数、生态系统健康的状态，从自然禀赋、经济社会发展、生态保护建设和政策管理四个维度解析超载成因。根据评价结果，从资源的集约利用、生态保护红线、空间格局划分、生态保护建设、产业准入负面清单、政策保障措施、监测预警长效机制构建等方面进行相关的政策研判，为超载区域限制性政策的制定提供依据，技术路线如图 3-1 所示。

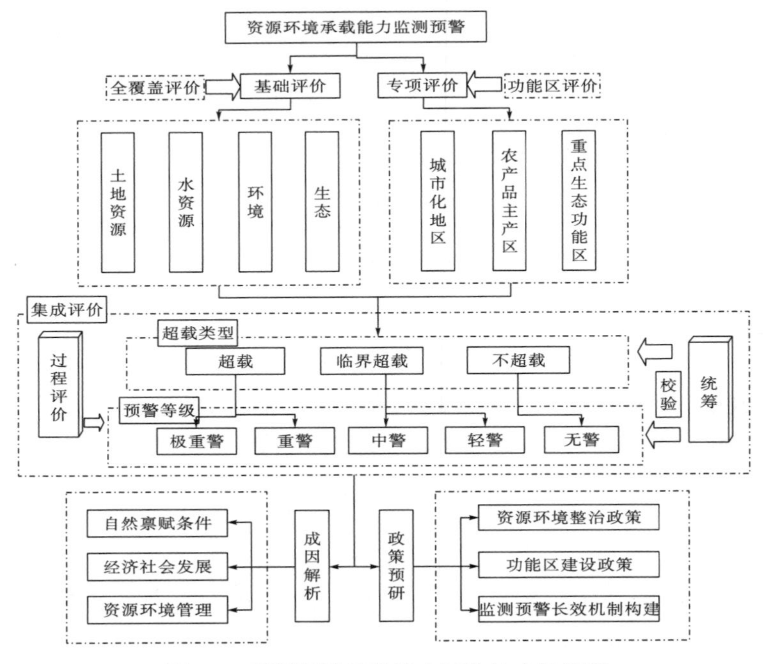

图 3-1 资源环境承载能力评价技术路线图

第二节 资源环境承载能力基础评价

对贵州省的土地资源、水资源、环境和生态四项基础要素进行全覆盖评价，分别采用土地资源压力指数、水资源开发利用量、污染物浓度超标指数和生态系统健康度来评价。

一、土地资源评价

土地资源评价主要表征区域土地资源条件对人口集聚、工业化和城镇化发展的支撑能力，采用土地资源压力指数作为评价指标。

(一)建设开发限制性评价

根据构成要素对土地建设开发的限制程度，确定强限制因子与较强限制因子。强限制因子包括：生态保护红线、永久基本农田、难利用土地等。较强限制因子包括：一般农用地、坡度、突发地质灾害等(表 3-1)。

表 3-1 建设开发适宜性评价的要素构成与分类赋值表

因子类型	要素	分类	适宜性赋值
强限制因子	永久基本农田	永久基本农田	0
		其他	1
	生态保护红线	生态保护红线	0
		其他	1
	难利用土地	裸岩石砾地、荒草地等	0
		其他	1
较强限制因子	一般农用地	高于平均等耕地、人工草地	40
		低于平均等耕地、天然草地	60
较强限制因子	一般农用地	园地、林地	80
		其他	100
	坡度	25°以上	40
		15°～25°	60
		10°～15°	80
		0～10°	100
	突发地质灾害	高易发区	40
		中易发区	60
		低易发区	80

(二)建设开发适宜性评价

根据评价要素构成与分类赋值表，对建设开发适宜性的构成要素进行赋值。其中，对属于强限制因子的要素，采用 0 和 1 赋值；对属于较强限制因子的要素，按限制等级分类进行 0～100 赋值。采用限制系数法计算土地建设开发适宜性。计算公式如下：

$$E=\prod_{j=1}^{m}F_j\cdot\sum_{k=1}^{n}W_k f_k \tag{3-1}$$

式中，E 为土地建设开发适宜性得分；j 为强限制因子的构成要素编号；k 为较强限制因子的构成要素编号；m 为强限制因子的构成要素个数；n 为较强限制因子的构成要素个数；F_j 为第 j 个要素的适宜性赋值；f_k 为第 k 个要素的适宜性赋值，W_k 为第 k 个要素的权重，根据土地建设开发适宜性得分，将区域建设开发适宜性划分为最适宜、基本适宜、不适宜和特别不适宜四种类型。通常，得分越高的区域越适宜建设。

（三）现状建设开发程度评价

分析现状建设用地与最适宜、基本适宜建设开发土地之间的空间关系，并计算区域现状建设开发程度。计算公式如下：

$$P = S / (S \cup E) \tag{3-2}$$

式中，P 为现状建设开发程度；S 为现状建设用地面积；E 为土地建设开发适宜性评价中的最适宜、基本适宜区域，为二者空间的并集。

（四）适宜建设开发程度阈值测算

依据建设开发适宜性评价结果，综合考虑主体功能定位、适宜建设开发空间集中连片情况等，进行适宜建设开发空间的聚集度分析，通过适宜建设开发空间聚集度指数确定离散型、一般聚集型和高度聚集型，并结合各区域主体功能定位，采用专家打分等方法确定各评价单位的适宜性建设开发程度阈值。

（五）土地资源压力指数评价

$$D = (P - T) / T \tag{3-3}$$

式中，D 为土地资源压力指数；P 为现状建设开发程度；T 为适宜建设开发程度阈值。

根据土地资源压力指数，将评价结果划分为土地资源压力大、压力中等和压力小三种类型。土地资源压力指数越小，即现状建设开发程度与适宜建设开发程度的偏离度越低，表明目前建设开发格局与土地资源条件趋于协调。通常，当 $D>0$ 时，土地资源压力大；当 $-0.3 \leqslant D \leqslant 0$ 时，土地资源压力中等；当 $D<-0.3$ 时，土地资源压力小。

评价结果显示：全省 88 个县（市、区）中有 3 个区土地资源压力大，分别为国家级重点开发区中的南明区、云岩区和观山湖区，占全省的 3.4%；4 个县（区）土地资源压力中等，分别为国家级重点开发区的白云区和国家重点生态功能区中的关岭县、紫云县和望谟县 3 个县，占全省的 4.5%，81 个县（市、区）土地资源压力小，占全省 92.0%。

二、水资源评价

水资源评价主要表征水资源可支撑经济社会发展的最大负荷。采用满足水功能区水质达标要求的水资源开发利用量（包括用水总量和地下水供水量）作为评价指标，通过对比用水总量、地下水供水量和水质与实行最严格水资源管理制度确立的控制指标，并考虑地下水超采情况进行评价。

（一）用水总量

用水总量指正常降水状况下区域内河道外各类用水户从各种水源（地表、地下等）取用的包括输水损失在内的水量之和，包括生活用水、工业用水、农业用水和河道外生态环境补水(不包括海水直接利用量)。采用水资源公报或其他上报的用水量数据，并根据当年降水丰枯程度对农业用水量进行转换，得到用水总量平均数据。

(二)地下水供水量

地下水供水量指通过地下取水工程，从地下含水层提引用于河道外各类用水户使用的水量。采用水资源公报或其他上报的地下水供水量数据作为评价数据。根据用水总量和地下水供水量，并考虑水质达标情况，将评价结果划分为水资源超载、临界超载和不超载三种类型。其中，用水总量、地下水供水量其中一项指标大于控制指标的，或存在地下水超采的，划分为水资源超载；其中一项指标介于控制指标的 0.98～1 倍、另一项指标不大于控制指标且不存在地下水超采的，划分为临界超载；两项指标均小于控制指标 0.98 倍且不存在地下水超采的，划分为不超载。

评价结果显示：贵州省 88 个县(市、区)水资源开发利用量均未超载。

三、环境评价

环境评价是表征区域环境系统对经济社会活动产生的各类污染物的承受与自净能力，主要以污染物浓度指标指数作为评价指标，包括大气、水主要污染物浓度超标指数，并通过主要污染物年均浓度检测值与国家现行环境质量标准的对比值得到评价结果。

(一)大气污染物浓度超标指数

1. 单项大气污染物浓度超标指数

以各项污染物的标准限值表征环境系统所能承受人类各种社会经济活动的阈值(限值采用《环境空气质量标准》(GB 3095—2012)中规定的各类大气污染物浓度限值二级标准)，不同区域各项污染指标的超标指数计算公式如下：

$$R_{气ij}=C_{ij}/S_i-1 \tag{3-4}$$

式中，$R_{气ij}$ 为区域 j 内第 i 项大气污染物浓度超标指数；C_{ij} 为该污染物的年均浓度检测值；S_i 为该污染物浓度的二级标准限值，见表 3-2。i=1,2,…,6，分别对应各项大气污染物类型。

表 3-2　单项大气污染物浓度标准限值

指标	SO_2/($\mu g/m^3$)	NO_2/($\mu g/m^3$)	PM_{10}/($\mu g/m^3$)	CO/(mg/m^3)	O_3/($\mu g/m^3$)	$PM_{2.5}$/($\mu g/m^3$)
二级标准限值	150	80	150	4	160	75

注：PM_{10} 和 $PM_{2.5}$ 为 24 小时平均浓度限值，其他为 1 小时平均浓度限值。

2. 大气污染物浓度指数

计算公式如下：

$$R_{气j}=\max(R_{气ij}) \tag{3-5}$$

式中，$R_{气ij}$ 为区域 j 大气污染物浓度超标指数，其值为各类大气污染物浓度超标指数的最大值。

(二)水污染物浓度超标指数

1. 单项水污染物超标指数

以各控制断面主要污染物年均浓度与该项污染物一定水质目标下标准限值的差值作为水污染物超标量。标准限值采用国家各控制单元水环境功能分区目标中确定的各类水污染物浓度的水质标准限值[《地表水环境质量标准》(GB 3838—2002)]，计算公式如下：

当 $i=1$ 时，

$$R_{水ijk}=1/(C_{ijk}/S_{ik})-1 \tag{3-6}$$

当 $i=2,3,\cdots,7$ 时，

$$R_{水ijk}=C_{ijk}/S_{ik}-1 \tag{3-7}$$

$$R_{水ij}=\sum_{k=1}^{N_j}R_{水ijk}/N_j \tag{3-8}$$

式中，$R_{水ijk}$ 为区域 j 第 k 个断面第 i 项水污染物浓度超标指数；$R_{水ij}$ 为区域 j 第 i 项水污染物浓度超标指数；C_{ijk} 为区域 j 第 k 个断面第 i 项水污染物的年均浓度检测值；S_{ik} 为第 k 个断面第 i 项水污染物的水质标准限值。$i=1,2,\cdots,7$，分别对应 DO、COD_{Mn}、BOD_5、COD_{Cr}、NH_3-N、TN、TP；k 为某一控制断面，$k=1,2,\cdots,N_j$，N_j 表示区域 j 内控制断面个数。当 k 为河流控制断面时，计算 $R_{水ijk}$，$i=1,2,\cdots,7$；当 k 为湖泊控制断面时，计算 $R_{水ijk}$，$i=1,2,\cdots,7$。

2. 水污染物浓度超标指数

计算公式如下：

$$R_{水ij}=\max_i(R_{水ijk}) \tag{3-9}$$

$$R_{水j}=\sum_{k=1}^{N_j}R_{水ik}/N_j \tag{3-10}$$

式中，$R_{水ijk}$ 为区域 j 第 k 个断面的水污染物浓度超标指数；$R_{水j}$ 为区域 j 的水污染物浓度超标指数。

(三)污染物浓度综合超标指数

污染物浓度的综合超标指数可采用极大值模型进行集成。计算公式如下：

$$R_j=\max(R_{气j},R_{水j}) \tag{3-11}$$

式中，R_j 为区域 j 的污染物浓度综合超标指数；$R_{气j}$ 为区域 j 的大气污染物浓度综合超标指数；$R_{水j}$ 为区域 j 的水污染物浓度综合超标指数。

根据污染物浓度综合超标指数，将评价结果划分为污染物浓度超标、接近超标和未超标三种类型。污染物浓度超标指数越小，表明区域环境系统对社会经济系统的支撑能力越

强。当 $R_j>0$ 时，污染物浓度处于超标状态；当 $-0.2\leq R_j\leq 0$ 时，污染物浓度处于接近超标状态；当 $R_j<-0.2$ 时，污染物浓度处于未超标状态。总体来看，贵州省大气污染物浓度超标指数为-0.65～-0.15，水污染物浓度超标指数为-0.44～1.74，经计算得出污染物浓度综合超标指数为-0.54～1.74。贵州省 88 个县(市、区)中有 78 个县(市、区)处于不超标状态，占 88.64%；处于接近超标状态的有 8 个，占 9.09%；处于超标状态的有 2 个，占 2.27%。

四、生态评价

生态评价是根据合理的指标体系和评价标准，评价某区域生态的环境状况、生态系统环境质量的优劣及其影响作用关系，主要表征在社会经济活动压力下生态系统的健康状况。采用生态系统健康度作为评价指标，通过贵州省各县境内发生水土流失和石漠化生态退化的土地面积比例反映。计算公式为

$$H = A_{\mathrm{d}} / A_{\mathrm{t}} \tag{3-12}$$

式中，A_{d} 为重度及以上退化土地面积，包括重度及以上的土地水土流失、石漠化面积；A_{t} 为评价区域的土地面积。水土流失与石漠化面积及等级参考水利部 2008 年和 2009 年发布的《土壤侵蚀分级分类标准》(SL190—2007)与《岩溶地区水土流失综合治理技术标准》(SL461—2009)。当 $H>10\%$时，生态系统健康度低；当 $5\%\leq H\leq 10\%$时，生态系统健康度中等；当 $H<5\%$时，生态系统健康度高。

对贵州省 88 个县(市、区)生态退化土地面积进行统计计算并评价区域生态系统健康度 H。根据生态系统健康度 H，将评价结果划分为生态系统健康度低、健康度中等和健康度高三种类型，生态系统健康度越低，表明区域生态系统退化状况越严重，产生的生态环境问题也越大。评价结果显示，贵州省 88 个县(市、区)中 3 个县(市、区)生态系统健康度中等，占全省的 3.41%，生态系统中土地退化问题较为严峻；85 个县(市、区)生态系统健康度高，占全省的 96.59%，生态系统健康状况良好。

第三节　资源环境承载力专项评价

一、城市化地区评价

城市化地区采用水气环境黑灰为特征指标，由城市黑臭水体污染程度和 $PM_{2.5}$ 超标情况集成获得，并结合重点开发区域，对城市水和大气环境的不同要求设定异化阈值。

(一)城市水环境质量(黑臭水体)

根据住房和城乡建设部发布的《城市黑臭水体整治工作指南》，城市黑臭水体是指城市建成区内，呈现令人不悦的颜色和(或)散发令人不适气味的水体的统称，根据透明度、溶解氧等指标确定城市黑臭水体污染程度的分级标准(表 3-3)。

表 3-3 城市黑臭水体污染程度分级指标

特征指标	轻度黑臭	重度黑臭
透明度/cm	25～10*	<10*
溶解氧/(mg/L)	0.2～2.0	<0.2
氧化还原电位/mV	-200～50	<-200
氨氮/(mg/L)	8～15	>15

注：*水深不足 25cm 时，该指标按水深的 40%取值。

以城市河流黑臭水体污染程度及实测长度为基础数据，与建设用地中的城市和建制镇面积进行比较，计算城市黑臭水体密度、重度黑臭比例 2 项指标，并对重点开发区域按照相应的阈值进行处理，划分的参照阈值见表 3-4。

表 3-4 城市黑臭水体单项指标分级参照阈值

功能区	黑臭水体密度/(m/km^2)			重度黑臭比例/%		
	轻度	中度	重度	轻度	中度	重度
重点开发区域	<300	300～800	≥800	<33	33～60	≥66

按照重度黑臭比例指标权重较高的原则，划分城市水环境质量(黑臭水体)评估等级(表 3-5)。

表 3-5 城市水环境质量(黑臭水体)等级划分

黑臭水体密度	重度黑臭比例		
	轻度	中度	重度
轻度	轻度	中度	中度
中度	轻度	中度	重度
重度	中度	重度	重度

(二)城市环境空气质量($PM_{2.5}$)

根据《环境空气质量标准》(GB 3095—2012)，$PM_{2.5}$指环境空气中空气动力学当量直径小于 2.5μm 的颗粒物，也称细微颗粒。国家规定的 $PM_{2.5}$测度以空气中的浓度为主要标准(表 3-6)，年均浓度值和 24h 平均浓度值分别以超过 35μg/m^3 和 75μg/m^3 为识别空气污染的标准下限。

表 3-6 $PM_{2.5}$浓度限值

平均时间	一级浓度限值(μg/m^3)	二级浓度限值(μg/m^3)
年均	15	35
24h 平均	35	75

注：一级浓度限值适用于一类区，包括自然保护区、风景名胜区和其他需要特殊保护的区域；二级浓度限值适用于二类区，包括居住区、商业交通居民混合区、文化区、工业区和农村地区。

$PM_{2.5}$ 以年超标天数为评价指标，评价数据为环境监测点提供的区县 $PM_{2.5}$ 年均浓度和城市的超标天数，数据缺失区县可采用普通克里金法等差值方法进行推算。$PM_{2.5}$ 超标天数等级划分的参照阈值见表 3-7。

表 3-7　城市环境空气质量($PM_{2.5}$)等级划分参照阈值

功能区	轻度	中度	重度	严重
重点开发区	＜120	120～180	180～240	≥240
其中：核心城市主城区	＜60	60～120	120～210	≥210

注：核心城市主要指直辖市、省会或城市人口规模超过 500 万人的特大和超大城市，主城区是指城市人口集中分布的中心城区。

3. 水气环境黑灰指数

根据城市黑臭水体污染程度和 $PM_{2.5}$ 超标情况，以及重点开发区域相应指标对城市水气环境的差异化等级划分，集成得到水气环境黑灰指标评价结果，将两者均为重度污染或 $PM_{2.5}$ 严重污染的划为超载，将两者中任意一项为重度污染，或者两者均为中度污染的划为临界超载，其余为不超载。经评价，贵州省重点开发区中的城市化地区城市环境空气质量($PM_{2.5}$)、城市水环境质量(黑臭水体)均为未超标。

二、农产品主产区评价

农产品主产区是指具备较好的农业生产条件，以提供农产品为主体功能，需要在国土空间开发中加以保护，限制进行大规模高强度工业化城镇化开发，以保持并提高农业综合生产能力的区域。贵州省国家农产品主产区共有 31 个县级行政单元，同时，还包括以县级行政区为单元划为国家重点开发区域的织金等 5 个县(市、区)中的部分乡镇，区域面积为 83251.01km^2，占全省总面积的 47.26%。贵州省农产品主产区均属种植业地区，采用耕地质量变化指数为特征指标，以有机质、全氮、有效磷、速效钾和土壤 pH 为评价指标，通过各指标的等级变化反映耕地质量变化情况。

根据土壤养分与土壤 pH 等级分级标准，分别确定期初年、期末年有机质、全氮、有效磷、速效钾、缓效钾和土壤 pH 所处等级值；通过公式测算各指标的等级变化量，进行耕地质量评价。

该项评价因数据的可获得性，仅有贵州省 2010 年的单期监测数据，无法进行耕地质量变化的对比分析与计算。因此，未对贵州省 31 个国家农产品主产县(市、区)进行该项评价。

三、重点生态功能区评价

重点生态功能区是指生态系统十分重要，关系全国或较大范围区域的生态安全，需要在国土空间开发中限制进行大规模高强度工业化城镇化开发，以保持并提高生态产品供给能力的区域。加强国家重点生态功能区环境保护和管理，是增强生态服务功能、构建国家生态安全屏障的重要支撑，是推进主体功能区建设、优化国土开发空间格局、建设美丽中国的重要任务。

依据《贵州省主体功能区规划》(黔府发〔2013〕12 号)，贵州省第一批威宁县、册亨县等 9 个县纳入国家重点生态功能区；2017 年，国家发展和改革委员会办公厅发布《关于明确新增国家重点生态功能区类型的通知》(发改办规划〔2017〕201 号)，贵州省新增 16 个国家重点生态功能区。截至 2017 年 5 月，贵州省有 25 个国家重点生态功能区，其中，水土保持型国家重点生态功能区有 14 个，分别是赤水市、习水县、江口县、石阡县、印江土家族苗族自治县、沿河土家族自治县、荔波县、关岭布依族苗族自治县、镇宁布依族苗族自治县、紫云苗族布依族自治县、望谟县、册亨县、罗甸县与平塘县；水源涵养型国家重点生态功能区有 11 个，包括黄平县、施秉县、锦屏县、剑河县、台江县、榕江县、从江县、雷山县、三都水族自治县、赫章县与威宁彝族回族苗族自治县。为此，依据国家重点生态功能区县水土保持、水源涵养的生态功能类型，分别对应地采用水土流失指数、水源涵养功能指数为特征指标展开功能评价，评价不同生态功能区的生态系统功能等级。

(一)水土保持型国家重点生态功能区

对于水土保持型国家重点生态功能区，采用水土流失指数进行评价。计算方式如下。

1. 单位面积土壤侵蚀量

以水文监测站点有关泥沙含量的监测数据为基础，采用通用水土流失方程估算土壤侵蚀模数，计算公式为

$$A = R \times K \times LS \times C \tag{3-13}$$

式中，A 为土壤侵蚀量[t/(hm^2·a)]；R 为降雨侵蚀力因子[MJ·mm/(hm^2·h·a)]；K 为土壤可蚀性因子[t·hm^2·h/(hm^2·MJ·mm)]；LS 为地形因子；C 为植被覆盖度因子，不同生态系统类型植被覆盖赋值见表 3-8。

表 3-8　不同生态系统类型植被覆盖赋值

生态系统类型	植被覆盖度/%					
	＜10	10～30	30～50	50～70	70～90	＞90
森林	0.10	0.08	0.06	0.020	0.004	0.001
灌丛	0.40	0.22	0.14	0.085	0.040	0.011
草地	0.45	0.24	0.15	0.090	0.043	0.011
乔木园地	0.42	0.23	0.14	0.089	0.042	0.011
灌木园地	0.40	0.22	0.14	0.087	0.042	0.011

2. 水土流失指数

$$S_i = A / A_r \tag{3-14}$$

式中，S_i 为水土流失指数；A 为土壤侵蚀量[t/(km^2·a)]；A_r 为容许土壤流失量[t/(km^2·a)]，根据《土壤侵蚀分类分级标准》(SL 190—2007)，不同侵蚀类型区容许土壤流失量见表 3-9。

表 3-9 各侵蚀类型区容许土壤流失量

类型区	容许土壤流失量/[t/(km²·a)]
西北黄土高原区	1000
南方红壤丘陵区	500
西南土石山区	500
东北黑土区	200
北方土石山区	200

通常，按照水土流失指数<1、1～10、>10 的区域，将水土保持功能评价结果分别划分为高、中和低三个等级。

通过计算 14 个水土保持国家重点生态功能区单位面积土壤侵蚀量、水土流失指数，获得贵州省水土保持功能评价结果(表 3-10)。贵州省 14 个水土保持型国家重点生态功能区水土保持功能等级均为高。总体上看，水土保持型国家重点生态功能区生态系统服务功能等级整体状况良好。

表 3-10 贵州省水土保持型国家重点生态功能区生态系统功能评价

行政区划名称	土壤侵蚀量/[t/(km²·a)]	水土流失指数	生态系统功能等级
赤水市	269.34	0.54	高
习水县	365.86	0.73	高
江口县	298.96	0.60	高
石阡县	403.12	0.81	高
印江县	476.67	0.95	高
沿河县	488.36	0.98	高
荔波县	263.48	0.53	高
平塘县	489.72	0.98	高
罗甸县	454.41	0.91	高
关岭县	419.24	0.84	高
镇宁县	472.01	0.94	高
紫云县	479.87	0.96	高
望谟县	490.54	0.98	高
册亨县	483.66	0.97	高

(二)水源涵养国家重点生态功能区

针对水源涵养国家重点生态功能区，采用水源涵养功能指数进行评价。计算生态系统单位面积的水源涵养量，将单位面积降雨量进行比较，根据值的大小进行分级，进而明确生态系统功能等级。

1. 水源涵养量

采用水量平衡方程来计算水源涵养量，主要与降水量、蒸散发、地表径流量和植被覆盖类型等因素密切相关。

$$TQ = \sum_{i=1}^{j}(P_i - R_i - ET_i \cdot A_i) \tag{3-15}$$

式中，TQ 为总水源涵养量(m^3)；P_i 为降雨量(mm)；R_i 为地表径流量(mm)；ET_i 为蒸散发量(mm)；i 为研究区第 i 类生态系统类型；A_i 为第 i 类生态系统的面积；j 为研究区生态系统类型数量。

2. 水源涵养功能指数

水源涵养功能指数为单位面积水源涵养量与单位面积降雨量的比值。通常，按照水源涵养功能指数＞10%、3%～10%、＜3%的区域，将水源涵养功能评价结果划分为高、中和低三个等级。分别计算 11 个研究区常绿阔叶林、常绿针叶林、针阔混交林、落叶阔叶林、常绿阔叶灌丛、落叶阔叶灌丛、稀疏灌丛与草丛 8 类生态系统单位面积的水源涵养量与单位面积产流降雨量的比值。

水源涵养功能评价结果(表 3-11)显示，贵州省 11 个水源涵养型国家重点生态功能区水源涵养功能等级均为高，水源涵养型国家重点生态功能区生态系统服务功能整体状况优秀。

表 3-11 贵州省水源涵养型国家重点生态功能区生态系统功能评价

行政区划名称	单位面积 水源涵养量/m^3	单位面积 降雨量/mm	水源涵养 功能指数/%	生态系统 功能等级
威宁彝族回族 苗族自治县	413791.4041	585720	70.65	高
赫章县	430478.4538	580140	74.20	高
黄平县	560011.3207	739860	75.69	高
施秉县	608740.7046	760680	80.03	高
台江县	707973.4218	856200	82.69	高
榕江县	853566.6456	1043340	81.81	高
雷山县	1188024.9370	1374420	86.44	高
锦屏县	728340.3451	962820	75.65	高
剑河县	606433.3720	786300	77.12	高
从江县	771284.4087	1039740	74.18	高
三都水族 自治县	1095241.7800	1671300	79.44	高

第四节　资源环境承载力集成评价

一、超载类型划分

首先在基础评价与专项评价的基础上，依据超载类型分级标准（表 3-12）对其各项指标进行单项超载等级划分，其次以县级行政区为单位，对贵州省 88 个评价单元开展综合集成评价，采用“短板效应”原理确定超载、临界超载、不超载 3 种超载类型，集成指标中任意 1 个指标超载或 2 个以上指标临界超载，确定为超载等级，任意 1 个指标临界超载，确定为临界超载等级，其余为不超载等级，对全省 88 个评价单元分别定级，形成超载类型划分方案。

表 3-12　超载类型划分中的集成指标及分级

指标来源		指标名称	指标分级		
基础评价	土地资源	土地资源压力指数	压力大	压力中等	压力小
	水资源	水资源开发利用量	超载	临界超载	不超载
	环境	污染物浓度超标指数	超标	接近超标	未超标
	生态	生态系统健康度	健康度低	健康度中等	健康度高
专项评价	城市化地区	水气环境黑灰指数	超载	临界超载	不超载
	农产品主产区	耕地质量变化指数	恶化	相对稳定	趋良
	重点生态功能区	生态系统功能指数	低等	中等	高等

评价结果显示，不超载的县域有 73 个，占全省县（市、区）数量和面积的 82.95%和 85.76%；临界超载的县域有 12 个，占全省县（市、区）数量和面积的 13.64%和 13.98%；其余 3 个县域评价等级为超载，占全省县（市、区）数量和面积的 3.41%和 0.26%。

二、预警等级划分

（一）过程评价

1. 资源利用效率变化

土地资源利用效率变化（建设用地）计算公式如下：

$$L_e = \sqrt[10]{\frac{\left(\dfrac{L_t}{\mathrm{GDP}_t}\right)}{\left(\dfrac{L_{t+10}}{\mathrm{GDP}_{t+10}}\right)}} - 1 \tag{3-16}$$

式中，L_e 为年均土地资源利用效率增速；t 为基准年；L_t 为基准年行政区域内建设用地面积；GDP_t 为基准年 GDP；L_{t+10} 为基准年后第十年行政区域内建设用地面积；GDP_{t+10} 为基准年后第十年 GDP。

2. 污染物排放强度变化

水污染物(化学需氧量)排放强度变化计算公式如下：

$$C_e = \sqrt[10]{\frac{\left(\frac{C_{t+10}}{\mathrm{GDP}_{t+10}}\right)}{\left(\frac{C_t}{\mathrm{GDP}_t}\right)}} - 1 \tag{3-17}$$

式中，C_e为年均化学需氧量排放强度增速；t为基准年；C_t为基准年行政区域内化学需氧量排放量；GDP_t为基准年 GDP；C_{t+10}为基准年后第十年行政区域内化学需氧量排放量；GDP_{t+10}为基准年后第十年 GDP。

水污染物(氨氮)排放强度变化计算公式如下：

$$A_e = \sqrt[10]{\frac{\left(\frac{A_{t+10}}{\mathrm{GDP}_{t+10}}\right)}{\left(\frac{A_t}{\mathrm{GDP}_t}\right)}} - 1 \tag{3-18}$$

式中，A_e指年均氨氮排放强度增速；t为基准年；A_t指基准年行政区域内氨氮排放量；GDP_t指基准年 GDP；A_{t+10}指基准年后第十年行政区域内氨氮排放量；GDP_{t+10}指基准年后第十年 GDP。

大气污染物(二氧化硫)排放强度变化：

$$S_e = \sqrt[10]{\frac{\left(\frac{S_{t+10}}{\mathrm{GDP}_{t+10}}\right)}{\left(\frac{S_t}{\mathrm{GDP}_t}\right)}} - 1 \tag{3-19}$$

式中，S_e为年均二氧化硫排放强度增速；t为基准年；S_t为基准年行政区域内二氧化硫排放量；GDP_t为基准年 GDP；S_{t+10}为基准年后第十年行政区域内二氧化硫排放量；GDP_{t+10}为基准年后第十年 GDP。

大气污染物(氮氧化物)排放强度变化：

$$D_e = \sqrt[10]{\frac{\left(\frac{D_{t+10}}{\mathrm{GDP}_{t+10}}\right)}{\left(\frac{D_t}{\mathrm{GDP}_t}\right)}} - 1 \tag{3-20}$$

式中，D_e指年均氮氧化物排放强度增速；t指基准年；D_t指基准年行政区域内氮氧化物排放量；GDP_t指基准年 GDP；D_{t+10}指基准年后第十年行政区域内氮氧化物排放量；GDP_{t+10}指基准年后第十年 GDP。

3. 生态质量变化

生态质量变化是研究区域不同类型资源环境耗损指数的重要指数之一，而林草覆盖率变化是反映生态质量变化的关键指标。计算公式如下：

$$E_{\mathrm{e}} = \sqrt{\frac{E_{t+10}}{E_t}} - 1 \tag{3-21}$$

式中，E_{e}为林草覆盖率年均增速；t指基准年；E_t为基准年行政区域内林草覆盖率；E_{t+10}为自基准年后第十年林草覆盖率。根据指标值的正负及对应的全国平均值的关系将各区域的各指标值进行分类，再将各项指标参照陆域资源消耗指数和环境污染指数类别划分标准(表 3-13)判定研究区生态质量变化类别。

表 3-13 陆域资源消耗指数类别划分标准

名称	类别	指向	分类标准
生态质量变化	低质量类	变化趋差	林草覆盖率年均增速低于全国平均水平
	高质量类	变化趋良	林草覆盖率年均增速不低于全国平均水平

根据指标值的正负将指标进行分类，得出贵州省 88 个县(市、区)中 6 个县(市、区)(如南明区、云岩区、观山湖区等)的生态质量变化为低质量类，生态质量变化趋差，占全省的 6.82%；82 个县(市、区)的生态质量变化为高质量类，生态质量变化趋良，占全省的 93.18%。

(二) 预警等级确定

按照资源环境损耗过程评价结果，对超载类型进行预警等级划分。将资源环境耗损加剧的超载区域定为红色预警区(极重警)，资源环境耗损趋缓的超载区域定为橙色预警区(重警)，资源环境耗损加剧的临界超载区域定为黄色预警区(中警)，资源环境耗损趋缓的临界超载区域定为蓝色预警区(轻警)，不超载的区域为绿色无警区(无警)。

评价结果显示，贵州省资源环境承载力预警形势较为严峻。评价结果为重度预警的县(市、区)有 3 个，占全省县(市、区)数量和面积的 3.41%和 0.26%；评价结果为轻度预警的县(市、区)有 12 个，占全省县(市、区)数量和面积的 13.64%和 13.98%；评价结果无警的县(市、区)有 73 个，占全省县(市、区)数量和面积的 82.95%和 85.76%。

第五节 资源环境承载力成因分析与发展建议

一、成因分析

(一) 自然禀赋条件维度成因

一是土地资源压力较大。贵州省土地资源受到地形的影响，山地多，丘陵坝地少，喀斯特面积分布广泛，地块破碎，突发地质灾害频繁，难以利用的土地面积较大。土地质量较差，且土地利用结构尚不合理，建设用地率较低。由于土地资源利用不合理造成的土地退化问题依然存在。同时，随着城镇化发展，土地资源的供需矛盾依然突出。二是生态环境较为脆弱，生态系统抗干扰能力较低。贵州处于中国西南喀斯特地区的腹心地带，属喀斯特高原山区，在碳酸盐岩广泛分布的地质环境和温暖湿润季风气候的背景下，喀斯特地区独特的二元结构特征使得丰富的大气降水很容易漏失到地下，构成先天水资源、土壤资源、植被资源脆弱的喀斯特生态系统，生态系统抗干扰能力较低，水土流失与石漠化等生态环境问题不容忽视。

(二)社会经济发展维度成因

一是城镇人口增长过快、建设用地急剧扩张。2008～2018年11年间，贵州省城镇人口年均增长率为3.89%，高于全国平均水平的2.84个百分点。建设用地年均增长速率为2.03%，高于全国平均水平的1.65个百分点。随着城镇人口规模不断扩大、工业化和城市化进程加快，大量耕地、生态保护用地被占用，土地资源承载力快速下降。二是空间结构不合理，土地资源利用效率低。11年间贵州省34个县(市、区)年均土地资源利用效率增速低于全国平均水平的15.38个百分点，城市规模普遍较小，产业集聚度低，城市建设空间和工矿建设空间单位面积产出率低。农村人口居住分散，占用空间相对较大，土地使用效率较低。三是流域的点源污染现象依然存在，主要来源于工业污染、养殖业污染以及生活垃圾污染，虽然流域内大多工业企业生产废水实现了超低排放或零排放，但污染尚未彻底根治，这是造成部分流域多年来水体中化学需氧量和氨氮、总磷超标的主要原因。

(三)资源环境管理维度成因

一是土地资源可持续监管体系尚需完善。贵州喀斯特地区环境生态容量低、稳定性差、自我恢复能力低且治理难度大，土地后备资源力度不强，造成土地资源可持续管理能力有待提高。土地资源监管体系不够完善，建设用地审批管理中一直存在“批而未用”“整批零售”等“重审批轻监管”的问题，监管手段效率低下，难以做到实时监控国土资源，快速发现、精准定位违法用地。二是生态建设与生态恢复持续投入需要加强。贵州喀斯特生态环境本底脆弱，由于过去较为粗放的经济发展方式与日益增长的人口压力，使得区域生态环境遭到一定程度破坏，同时，随着生态建设的推进，单纯以植被恢复为路径的生态建设远远不能满足实际情况，加之生态建设成本的持续上涨，生态建设持续性的投入十分有限，离贵州省生态建设的实际需要还有相当大的差距。

二、发展建议

(1)积极培育经济增长潜力，强力推进中等城市建设开发。在黔中经济区核心区贵安新区建设的带动下，推进遵义、六盘水、毕节、都匀、凯里等中等城市的经济发展。选择国家级重点开发区中土地资源压力小且具有一定建设开发潜力的区域，作为未来新的城市经济增长点。建议加大基础设施的建设力度，积极培育新的经济增长点，以缓解中心城区的城市发展压力。进一步优化建设用地空间结构，尤其是加大农村居民点用地的集约化管理，保障全省重点工程、民生工程等的用地需求。

(2) 优化用地供地结构，落实耕地保护制度。扎实推进国土资源节约集约高效利用行动，加强建设用地批后监管，清理处置闲置土地，提高土地利用价值，降低单位 GDP 建设用地量。坚守底线，积极推进耕地“三位一体”保护，实现农业增产农民增收，坚持最严格的耕地保护制度，扎实推进耕地质量保护与提升行动，精确划定严管永久基本农田，稳定耕地保障粮食安全。

(3) 合理调整用水结构，完善水资源管理制度。结合贵州省各区域水资源承载力实际情况，通过宏观调控和政策扶持，加快建设水资源调蓄工程，促进区域产业结构和布局的战略调整。严格落实规划水资源开发与管理论证制度，实现生产力布局、产业结构与水资源承载能力相协调，严格落实用水总量控制指标体系与用水效率指标体系。加强对重点工业污染源、农业面源污染的监管，对列入国控、省控的排气重点工业污染源要安装特征污染物自动监控装置，实行实时监控、动态管理。对水环境质量有突出影响的总氮、总磷两项指标，纳入重点流域、区域污染物排放总量控制约束性指标体系，并实施总量控制。健全水质监测系统，尤其要加强对供水水源地水质监测工作，定期发布供水水源地水质状况公报。对现行水价进行改革，建立合理的水价形成机制，维护正常的水价秩序，使政策水向商品水转变，调动全社会节水的积极性。

(4) 优化生态保护格局，加强生态保护与修复。以改善生态环境质量为核心，以保障和维护生态功能为主线，按照山、水、林、田、湖、草系统保护的要求，统筹考虑自然生态整体性和系统性，开展科学评估，划定生态保护红线，并以生态保护红线为核心构建区域生态安全格局。对于生态超载地区，实行更严格的生态环境保护与修复政策，加快制定实施生态系统保护与修复方案，分区分类开展水土流失与石漠化综合治理工程，采取以封禁为主的自然恢复措施，辅以人工修复，加快改善和提升生态功能。

(5) 加快推进生态环境动态监测能力建设。充分发挥地面生态系统、环境、气象、水文水资源、水土保持等监测站点和卫星的生态监测能力，运用大数据、云计算、物联网等信息化手段，建立健全生态环境质量自动监测系统，提高生态环境监测、预测和预警能力，及时评估发现和预警生态风险，对于生态环境超载、持续恶化且修复治理难度大的地区要加快推进生态移民，有序推动人口适度集中安置，降低人类活动强度，减小生态压力。

(6) 创新生态环境保护机制体制。强化政府在生态环境保护方面的主导作用，完善自然资源监管体制，健全自然资源资产产权制度和用途管制制度；强化党政领导干部的生态环境和资源保护职责，实施领导干部自然资源资产离任审计制与生态环境损害责任终身追究制；探索发挥市场在资源配置和聚集生态环境治理资本上的优势，推动生态功能提供地区和受益地区探索建立横向生态保护补偿机制，拓宽生态环境问题解决的渠道。加快构建全面、严格、差异化的产业准入制度，确保严格按照主体功能定位谋划发展。

第四章　喀斯特地区城镇、农业与生态空间优化布局

科学划定城镇、农业与生态空间是构建和优化国土空间开发格局、落实国土空间有效管控、提升国土空间治理能力和效率的重要手段。针对喀斯特地区脆弱生态环境背景与快速发展的社会经济形势，按照资源环境承载能力评价结果与未来发展目标，根据区域不同主体功能定位要求，科学划分城镇、农业、生态三类空间，优化社会经济发展空间格局，并依托三类空间落实差异化管控措施，切实将开发与保护融为一体，有利于推动喀斯特地区市县经济社会发展规划、城乡规划、土地利用规划、生态环境保护规划等的“多规融合”，为形成“一本规划、一张蓝图”奠定基础。

第一节　城镇、农业与生态空间优化布局的内涵

一、城镇、农业与生态空间

城镇、农业与生态三类空间，是对国土空间开发与保护的总体部署，是经济社会发展的空间载体。落实国家主体功能区战略，在国土空间分析评价基础上，将行政边界和自然边界相结合，定量评估市县的区域背景和资源环境承载能力及未来发展潜力，科学谋划空间开发格局，提高市县空间利用效率和整体竞争能力，将全域划分为城镇、农业、生态三类空间，通过三类空间的合理布局，形成统领发展全局，将空间开发与保护融为一体的规划蓝图、布局总图。

城镇空间，指主要承担城镇建设和发展城镇经济等功能的地域，包括城镇建成区、城镇规划建设区以及初具规模的开发园区。农业空间，指主要承担农产品生产和农村生活等功能的地域，包括基本农田、一般农田等农业生产用地以及集镇和村庄等农村生活用地。生态空间，主要承担生态服务和生态系统维护等功能的地域。生态空间以自然生态景观为主划定，包括森林、草地、湿地、河流、湖泊、滩涂、荒地等。

二、三类空间优化布局重要意义

贵州喀斯特山区地处长江与珠江流域上游，生态资源禀赋高，少数民族文化底蕴深厚，历史上严格落实区域主体功能定位，科学划定城镇、农业、生态三类空间，实施差异化管控措施，有利于民族地区经济社会的绿色发展，有利于长江与珠江流域上游生态环境的有效保护，有利于实现区域生态环境保护与经济发展的有机统一。

(1) 优化国土空间开发格局。坚守生态和发展两条底线，科学划定城镇发展空间、农

业生产空间和生态保护空间三类空间的开发管制界限，明确不同空间功能定位和发展方向，有利于落实主体功能定位，构建形成科学合理的城镇化发展格局、产业发展格局和生态安全格局。

(2) 牢筑生态安全屏障。通过三类空间范围的划定，助推基本农田红线与生态保护红线的落地，继续加强生态环境保护与建设，落实退耕还林政策，大力实施封山育林、石漠化治理以及移民搬迁、水土保持等生态建设工程，维护国家生态安全屏障。

(3) 促进经济社会与资源环境协调发展。有利于城镇化建设、产业发展、基础设施建设发展、公共服务资源配置、生态环境保护等方面的空间优化配置，促进经济持续健康发展、人民生活水平全面提高、资源环境条件持续改善。

第二节　城镇、农业与生态空间优化布局方法

一、总体思路

坚守发展和生态两条底线，落实主体功能定位，利用标准统一的地理空间基础信息数据，编制空间底图，综合分析评估空间开发潜力、资源环境承载能力等，科学划定城镇、农业、生态三类空间，合理确定城镇、农业、生态三类空间的规模和比例结构，实施空间差异化管控措施，切实将发展与布局、开发与保护融为一体，推动科学合理的城镇发展格局、产业发展格局和生态安全格局的全面形成，促进人与自然和谐相处。

二、主要原则

(1) 统筹协调，科学分区。按照“一本规划、一张蓝图”的要求，统筹考虑资源环境承载能力和各类空间地理要素，充分借鉴不同空间管制分区划分方法，科学划定三类空间，合理布局发展分区。

(2) 统一数据，强化衔接。采用统一的地理空间底图数据，建立健全城镇、农业与生态三类空间与各项规划的衔接协调机制，为多规融合提供基础平台。

(3) 定量为主，定性为辅。三类空间划分应建立在定量分析评价基础上，凡是能够采用定量方法的工作步骤，都力求采用定量方法。对于难以定量分析的问题，要进行深入的定性判断。

三、技术流程

城镇、农业与生态三类空间划分主要采用实地调查、卫星影像调绘、GIS 空间分析与数据库构建等技术，基于统一的地理空间数据成果之上划定。划定技术流程主要包括：科学问题研究及划定方案确定→实地调研→数据集成→数据深加工→编制空间规划底图→指标综合分析→空间开发评价→三类空间试划→外业核查→空间协调衔接→统计汇总→专家论证→三类空间确认→制图建库→成果编制。

四、技术方法

空间规划底图编制。以地理空间基础信息数据为基础，综合集成人口、经济、空间开发负面清单、行业数据等资料，进行数据分类、数据格式转化、拼接与裁剪、图像纠正、空间矢量化、坐标转化、数据提取、外业核查等，转换为统一的平面坐标和投影坐标系统的空间开发评价基础数据与现状地表分区，集成形成统一的空间底图。

空间开发评价。基于 GIS 空间分析方法对空间开发评价结果与地表分区数据进行叠加，对叠加结果进行分级分类统计与评价，在此评价基础上，依据空间开发负面清单、现状建成区、过渡区的开发适宜性评价结果，并通过遥感影像解译核实、实地核查与协调统一，最终确定三类空间的空间分布与具体界线。

三类空间划分。基于空间开发评价结果，结合空间底图中的现状地表分区，依据空间开发评价结果叠加规则，经遥感影像解译核实、实地核查并经政府部门协调确认，合理确定城镇、农业、生态三类空间规模与边界。

专题图制作与数据库建设。采用专题图的地理底图要素与专题要素格式及表达均依据制图基本要求设计，图层信息主要包括基础的地理信息和城镇、农业、生态三类空间信息。参考国土资源数据库建设标准，建立覆盖全域的底图数据库，实现空间数据集成与管理的功能。

第三节　城镇、农业与生态空间管控与发展方向

一、城镇空间

城镇空间应转变经济发展方式，调整和优化产业布局、降低资源消耗、增长污染防治，污染物排放量不得突破区域总量控制目标；严格项目环境准入条件，禁止发展高耗水、高污染、环境风险大的项目，加强区域水污染和大气污染综合治理，在保护生态环境的基础上推动和支撑区域经济绿色发展；推进产城融合，提升经济、旅游、文化、信息等综合服务功能，保护绿色空间，改善人居环境，提高人口的集聚力，创造更多的就业机会和更多的增收途径，承接农业空间与生态空间的产业转移和人口转移。

合理确定城镇发展定位，充分发挥重点城市的人口集聚和辐射带动功能，提升中小城市人口承载能力和镇村基本服务功能，强化小城镇推动城乡一体化和城镇化的重要载体功能，合理构建与经济产业发展、资源环境保护、基本公共服务均等化等发展目标相匹配，层级明晰、分工明确、高效有序的城镇体系与发展定位。

合理优化城镇功能布局，优先保障教育、医疗、养老、交通、绿化等公共基础设施的用地需求；交通、能源、水利、电信等基础设施廊道应统一规划建设，以综合管廊建设为主；最大限度保留自然山地、林地、水系等，充分考虑功能区块环境影响；合理规划布局工业、商业、居住、科教等功能区块，完善城镇建设用地布局规划；着眼于产业链培育、产业集群集中布局，引导产业向园区集中，园区向重点开发城市集中，促进产城融合发展。

推进城镇土地集约利用和高效发展，结合城镇建设用地增加规模与吸纳农业转移人口落户数量挂钩政策，差异化配置城镇新增建设用地；严格控制中心城区建设用地规模，推动城镇空间发展从外延扩张转向优化内部用地结构；鼓励从城镇已有建设用地中挖掘用地潜力，盘活城镇内部存量建设用地，推进城镇改造和低效用地再开发，提高存量土地利用效率。

二、农业空间

保护基本农田，严格控制农药、化肥的使用量，适度控制畜禽养殖规模，加强畜禽粪便集中处置力度；优化农业生产布局和品种结构，发展现代山地高效循环农业和生态农业，促进农业资源永续利用，加强土地整治和水利设施建设，提高农业综合生产能力、产业化水平和物质技术支撑能力。适度发展商贸、物流、旅游、特色食品和农副产品加工等服务业是农业空间发展的方向。

强化耕地资源保护，永久基本农田一经划定，任何单位和个人不得擅自占用或改变用途，严格执行永久基本农田保护“五不准”。设立永久基本农田统一标识和界桩，将基本农田保护落实到地块，一般建设项目不得占用，国家重大、重点建设项目确实难以避让并经审查批准占用的，需补充划入质量与数量相当的永久基本农田。落实最严格的耕地保护制度，严格控制耕地转为非耕地，禁止农村建房占用耕地，禁止在耕地上挖砂、采石、采矿、取土等。

加强土地整治与基础设施建设，坚持最严格的节约用地制度，加强土地综合整治，推进土地复垦，改造开发城乡低效、闲置用地，增加有效耕地面积，同时加强中低产田改造与高标准农田建设，提高耕地质量。改善农业生产条件，加快排灌泵站配套、节水改造以及水源工程建设，提高输水调配能力；建设节水农业，积极推广节水灌溉技术，完善节水设施，建设高效节水减排与小型农田水利工程。

严格限制与农业生产无关的建设活动，严格禁止城镇、开发区建设，合理安排农村生活用地，重点优化村庄布局，引导区域内部农村居民点集中、集聚发展。严格控制农村居民点人均用地指标与建设规模，优先满足农村公共服务设施建设用地需求。允许进行区域性基础设施建设、生态环境保护建设、旅游开发建设及特殊用地建设，合理控制开发强度和影响范围。

三、生态空间

强化区域生态建设和环境保护，加强重要水源地保护和石漠化防治，对污染严重的地区，开展生态修复和小流域污染综合整治工程。严格管制各类开发活动，尽可能减少对自然生态系统的干扰，控制开发强度，减少农村居民点占用空间，引导居民有序向其他开发区域转移，腾出更多的空间用于保障生态系统良性循环。在保护生态系统功能前提下，因地制宜发展特色经济果林、生态旅游业、农产品加工业，带动农村经济发展和农民增收，保持一定的经济增长和财政自给能力。

生态保护红线区是生态保护空间的核心区域，生态保护红线一经划定，必须确保保护性质不转换，生态保护的主体对象保持相对稳定，生态功能不降低，自然生态系统功能能够持续稳定发挥，退化生态系统功能得到不断完善，空间面积不减少。生态保护红线内严禁不符合主体功能的各类开发活动，严禁任意改变土地用途，原有生产与开发建设活动应逐步退出。生态保护红线中的禁止开发区、生态功能重要区域以及生态环境敏感脆弱区域等要按照不同区域、不同功能进行差异化管理。

按照主体生态功能，科学合理制定生态空间保护与建设布局，提高生态系统的自然修复能力和生态功能，重点强化水源涵养功能、水土保持功能、生物多样性维护功能，尽可能减少对自然生态系统的干扰，保障生态系统的稳定性、完整性与良性循环。禁止毁坏森林、草原开垦耕地，禁止围湖造田，禁止侵占湿地、草原和河滩地，现有耕地、原地、农村居民点用地宜逐步还林还草，加强生态公益林建设，保护珍稀野生动植物的重要栖息地和野生动物的迁徙通道。

依托生态空间用途分区，依法制定区域产业准入条件，明确允许、限制与禁止的产业和项目类型清单。原有与生态保护有冲突的生产、开发建设活动应逐步退出并开展生态修复，或通过政策引导和资金补偿鼓励搬迁至城镇空间工业园区或开发区；可适度发展不影响主导生态功能的特色农林产品加工、旅游开发建设。严格控制村庄数量和规模，鼓励人口外迁，留守居民以服务林业生产、旅游开发、保护生态环境的人群为主。

第四节　典型喀斯特山区三类空间优化布局

一、盘州市基本情况

盘州市位于贵州省西部、六盘水市西南部，地处滇、黔、桂三省区接合部，素有“滇黔咽喉”“川黔要塞”等美誉，是贵州西大门。盘州市地理坐标为东经 104° 17′46″～104° 57′46″，北纬 25° 19′36″～26° 17′36″，东邻普安县，南接兴义市，西连云南省富源县、宣威市，北临水城区。全境南北长 107km，东西宽 66km，总面积为 4056km^2，占六盘水市总面积的 40.9%，占贵州省总面积的 2.3%。盘州市地处云贵高原向黔中高原过渡的斜坡部位，是南、北盘江及其支流的分水岭地带。地势为西北高、东南低、中部隆起，平均海拔 1806m，地层岩石以石灰岩、白云岩、白云质灰岩为主。盘州市属亚热带气候，年平均气温为 15.2℃，年均降水量为 1390mm。盘州市境内水系发育，河流较多，均属珠江水系。2021 年盘州市境内有 2 个省级开发区，1 个市级产业园区，下辖 14 镇 6 街道 7 乡 530 个村(居)，聚居着汉、彝、苗、白、回等 29 个民族，户籍总人口为 133.85 万人，常住人口 107 万(第七次全国人口普查数据)。

二、盘州市空间底图编制

(一)空间数据集成

空间底图是划分城镇、农业、生态三类空间的基础底图，也是未来编制空间规划的基础底图。首先收集盘州市全域和相邻县区的地理国情普查成果、基础测绘成果，以及规划、各类保护区、经济、人口等资料，其次进行数据处理、数据分类与提取、外业核查、数据整合集成等，形成统一的空间底图。

测绘资料收集与预处理。收集整理地理国情普查成果和基础测绘成果，形成空间开发评价的基础数据，主要包括图像纠正、坐标转换、格式转化、数据拼接与裁切、区域单元定位点提取、坡度和高程分级等工作。

规划资料收集与预处理。收集整理全国主体功能区规划、贵州省主体功能区规划、盘州市城镇体系规划、土地利用总体规划、交通规划、产业园区规划等各类规划资料，形成空间开发评价及发展任务布局的参考数据，主要包括数据标准化、空间矢量化等资料后处理工作。

其他相关数据资料收集与预处理。收集整理盘州市空间开发负面清单提取所需基础数据源、乡镇级行政区划界线、可开发利用土地资源、水资源等资料，以及人口、经济、生态环境等资料，主要包括数据一致性和空间化处理等工作。

（二）空间底图编制

现状地表分区数据处理。组织整理空间开发负面清单、现状建成区与过渡区数据，生成现状地表分区数据。其中，过渡区又分为以农业为主的Ⅰ型过渡区、以天然生态为主的Ⅱ型过渡区及以地表破坏较大的露天采掘场等为主的Ⅲ型过渡区。

空间开发负面清单数据。按照空间开发负面清单定义及所含类型，以地理国情普查数据为基础，结合基本农田、各类保护、禁止(限制)开发区界线资料，组织空间开发负面清单数据。

现状建成区数据。现状建成区是指地理国情普查数据中的房屋建筑区、广场、绿化林地、绿化草地、硬化地表、水工设施、固化池、工业设施、其他构筑物、建筑工地等。提取这些地类边界，生成现状建成区数据。

过渡区数据。除空间开发负面清单和现状建成区以外的剩余区域为过渡区，包括Ⅰ型、Ⅱ型、Ⅱ型过渡区。以地理国情普查成果为基础，结合坡度数据，生成Ⅰ型过渡区、Ⅱ型过渡区和Ⅲ型过渡区数据。

空间开发评价数据生产。分析处理地理国情普查数据、基础测绘数据、规划数据及相关统计数据，提取行政区划、交通、水域，以及经济、人口、环境、可开发利用土地资源、可开发利用水资源、灾害等单指标要素数据，生产盘州市空间开发评价基础数据，提取规划数据中的重点产业、交通、产业园等边界及属性信息，生产空间开发评价及发展任务布局的参考数据。

数据融合集成。根据盘州市实际情况对资料进行补充收集、底图数据协调处理、外业核查确认后，对生产的各类空间数据进行整理，形成盘州市空间规划底图数据库。

三、盘州市空间开发评价

针对空间开发评价的要求，遵循科学性与系统性原则、综合性与主导因素原则、动态性与定量性原则和可操作性等原则，构建盘州市空间开发评价指标体系。盘州市空间开发评价指标分为适宜性指标与约束性指标（表 4-1）。适宜性指标是评价三类空间发展适宜程度的指标，包括地形地势、交通干线影响、区位优势、人口聚集度、经济发展水平 5 项指标。约束性指标是约束和限定三类空间发展类型的指标，包括自然灾害影响、可利用土地资源、可利用水资源、环境容量、生态系统脆弱性 5 项指标。适宜性指标与约束性指标两者按照各自权重加权求和得到综合指标评价结果，为空间开发评价提供重要参考。

表 4-1 盘州市空间开发评价指标体系

指标性质	指标名称	基础数据
适宜性指标	地形地势评价	全域数字高程模型（digital elevation model，DEM）数据
	交通干线影响评价	全域各级主要道路及周边的交通枢纽分布
	区位优势评价	各地至周边市县及至中心城区交通距离
	人口聚集度评价	各乡镇近五年人口数据
	经济发展水平评价	各乡镇近五年 GDP 数据
约束性指标	自然灾害影响评价	全域自然灾害发生频次及强度
	可利用土地资源评价	全域地理国情普查数据
	可利用水资源评价	全域可利用水资源数据
	环境容量评价	全域大气环境容量与水环境容量
	生态系统脆弱性评价	全域水土流失数据

（一）地形地势评价

盘州市地处云贵高原向黔中高原过渡的斜坡部位，是南、北盘江及其支流的分水岭地带。由于地势的间隙抬升及南北盘江支流的强烈切割，形成了重峦叠嶂、谷岭相间、坡陡谷深、地面破碎的高原山地地貌。地势西北高、东南低、中部隆起。全县山地区面积占 68.2%，丘陵区面积占 28.0%，山间平坝区面积占 3.8%，最高点在北部坪地乡县界上的牛棚梁子主峰，海拔 2861m，最低点在东北部保基乡乌都河出县界处，海拔 735m，平均海拔为 1806m。

根据全市各乡镇居民点海拔分布情况，结合各乡镇实际情况和相关规定，将适宜开发的海拔区间确定为 1400～2100m，将不适应开发的海拔区间定为 735～1400m 以及 2100～2861m，根据贵州省农业地貌区划及城市建设用地对坡度适宜性的要求，将县域用地坡度按照＜5°、5°～8°、8°～15°、15°～25°、＞25°进行分级（表 4-2），应用地形地势评价函数得出评价结果。

表 4-2 地形地势分级表

影响因子	分级区间	适宜开发程度	分值
海拔	1400～2100m	适宜开发区	$X_{海拔}=1$
	735～1400m 2100～2861m	不适宜开发区	$X_{海拔}=0$

续表

影响因子	分级区间	适宜开发程度	分值
坡度	＜5°	最适宜开发区	$X_{坡度}=4$
	5°～8°	较为适宜开发区	$X_{坡度}=3$
	8°～15°	适当进行开发区	$X_{坡度}=2$
	15°～25°	控制开发区	$X_{坡度}=1$
	＞25°	不适宜开发区	$X_{坡度}=0$

地形地势评价函数：

$$f_{地形地势}=\begin{cases}4 & X_{海拔}\times X_{坡度}=4\\ 3 & X_{海拔}\times X_{坡度}=3\\ 2 & X_{海拔}\times X_{坡度}=2\\ 1 & X_{海拔}\times X_{坡度}=1\\ 0 & X_{海拔}\times X_{坡度}=0\end{cases} \tag{4-1}$$

式中，$f_{地形地势}$为地形地势的评价值；$X_{海拔}$为高程评价值；$X_{坡度}$为坡度评价值。$f_{地形地势}$分值越高，说明空间开发适宜程度越高；$f_{地形地势}=0$，说明空间不适宜开发。

通过对盘州市地形地势进行评价得出，盘州市适宜开发区面积达316.77km^2，占总面积的7.81%；较为适宜开发面积达412.36km^2，占总面积的10.17%；适当进行开发区面积达1187.55km^2，占总面积的29.28%；控制开发区域面积达1155.72km^2，占总面积的28.49%；不适宜开发区面积达983.60km^2，占总面积的24.25%。其中，开发适宜度高的乡镇为两河街道、刘官街道，最不适宜开发的乡镇为乌蒙镇、坪地乡（表4-3）。

表4-3　盘州市地形地势评价结果

乡镇名	适宜开发面积/km^2	较适宜开发面积/km^2	适当开发面积/km^2	控制开发面积/km^2	不适宜开发面积/km^2
刘官街道	18.16	20.41	41.37	28.41	11.65
胜境街道	10.49	12.97	40.07	30.06	68.51
红果街道	7.72	8.71	22.61	26.38	41.98
两河街道	27.79	34.32	66.63	26.24	12.43
亦资街道	5.88	8.53	20.94	16.02	10.15
翰林街道	3.58	3.85	13.12	10.00	16.70
柏果镇	11.30	16.25	58.01	70.06	49.08
盘关镇	12.22	20.06	62.31	42.17	39.33
石桥镇	11.53	16.46	58.92	67.39	36.74
竹海镇	18.84	25.09	81.02	86.18	32.32
保田镇	31.50	37.58	81.20	49.16	14.25
鸡场坪镇	25.53	28.81	75.35	76.04	55.11
双凤镇	9.94	13.56	42.54	49.25	32.38
英武镇	8.37	11.94	42.19	57.23	43.80

续表

乡镇名	适宜开发面积/km²	较适宜开发面积/km²	适当开发面积/km²	控制开发面积/km²	不适宜开发面积/km²
民主镇	9.22	12.06	42.57	49.38	23.50
响水镇	4.89	7.35	26.70	31.17	17.98
大山镇	17.10	25.00	71.57	58.31	38.39
丹霞镇	14.07	19.51	61.28	59.28	25.64
乌蒙镇	1.69	3.09	13.83	21.17	62.03
新民镇	11.98	15.12	37.77	32.12	36.33
淤泥乡	8.25	12.32	46.69	61.39	50.75
羊场乡	6.66	8.99	30.25	35.24	41.28
坪地乡	5.30	7.18	23.90	30.15	90.40
普古乡	9.60	11.72	33.63	41.24	51.14
保基乡	7.76	10.05	36.00	45.27	54.29
旧营乡	7.55	8.76	25.66	35.25	22.75
普田乡	9.85	12.68	31.42	21.16	4.70

(二)交通干线影响评价

交通干线影响评价是评估一个地区现有交通干线与交通要素对区域发展的影响程度，主要由机场、港口、铁路、公路四个影响评价因子组成。

首先从空间规划底图中提取全市铁路车站、高速公路、各级主要道路及附近的港口和机场等交通数据；其次分别对交通干线影响因子进行等级划分，并赋分值；再根据表 4-4 将不同交通干线进行相应缓冲区划分，最后叠加生成交通干线影响结果，生成交通干线影响评价图。

交通干线影响评价函数为

$$f_{交通干线影响}=\begin{cases}4 & X_{机场}+X_{港口}+X_{铁路}+X_{公路}>3\max/4\\3 & \max/2<X_{机场}+X_{港口}+X_{铁路}+X_{公路}\leqslant 3\max/4\\2 & \max/4<X_{机场}+X_{港口}+X_{铁路}+X_{公路}\leqslant \max/2\\1 & 0<X_{机场}+X_{港口}+X_{铁路}+X_{公路}\leqslant \max/4\\0 & X_{机场}+X_{港口}+X_{铁路}+X_{公路}=0\end{cases} \tag{4-2}$$

式中，$f_{交通干线影响}$为交通干线影响评价值；$X_{机场}$为机场影响评价值；$X_{港口}$为港口影响评价值；$X_{铁路}$为铁路影响评价值；$X_{公路}$为公路影响评价值。max 为$X_{机场}$、$X_{港口}$、$X_{铁路}$、$X_{公路}$加总后的最大值。$f_{交通干线影响}$分值越高，说明区域受交通干线影响越大(表 4-4)。

表 4-4 交通干线影响分级表

影响因子		分级区间	分值
机场	干线机场	距离干线机场≤30km	$X_{机场}=5$
		30km<距离干线机场≤90km	$X_{机场}=4$
		90km<距离干线机场≤150km	$X_{机场}=3$

续表

影响因子		分级区间	分值
机场	干线机场	距离干线机场＞150km	$X_{机场}=0$
	支线机场	距离干线机场≤30km	$X_{机场}=4$
		30km＜距离干线机场≤60km	$X_{机场}=3$
		距离干线机场＞60km	$X_{机场}=0$
港口	主要港口	距离主要港口≤30km	$X_{港口}=3$
		30km＜距离主要港口≤60km	$X_{港口}=2$
		距离主要港口＞60km	$X_{港口}=0$
	一般港口	距离一般港口≤30km	$X_{港口}=2$
		距离一般港口＞30km	$X_{港口}=0$
铁路		距离铁路车站≤3km	$X_{铁路}=5$
		3km＜距离铁路车站≤6km	$X_{铁路}=4$
		距离铁路车站＞6km	$X_{铁路}=0$
公路	高速公路	距离高速公路≤3km	$X_{公路}=5$
		3km＜距离高速公路≤6km	$X_{公路}=4$
		距离高速公路＞6km	$X_{公路}=0$
	一级公路	距离一级公路≤3km	$X_{公路}=4$
		3km＜距离一级公路≤6km	$X_{公路}=3$
		距离一级公路＞6km	$X_{公路}=0$
	二级公路	距离二级公路≤3km	$X_{公路}=3$
		3km＜距离二级公路≤6km	$X_{公路}=2$
		距离二级公路＞6km	$X_{公路}=0$
	三级公路	距离三级公路≤3km	$X_{公路}=2$
		3km＜距离三级公路≤6km	$X_{公路}=1$
		距离三级公路＞6km	$X_{公路}=0$
	四级公路	距离四级公路≤3km	$X_{公路}=1$
		距离四级公路＞3km	$X_{公路}=0$

注：主要港口指特大型港口(年吞吐量＞3000 万 t)和大型港口(年吞吐量为 1000 万～3000 万 t)，一般港口指中型港口(年吞吐量为 100 万～1000 万 t)和小型港口(年吞吐量＜100 万 t)。

通过对盘州市交通干线影响进行评价得出：盘州市受交通干线影响最大的区域面积为 685.93km^2，占总面积的 16.91%；受交通干线影响较大的区域达 776.53km^2，占总面积的 19.15%；受交通干线影响一般的区域达 1458.47km^2，占总面积的 35.96%；影响较小区域面积达 1135.07km^2，占总面积的 27.98%；不存在交通干线无影响的区域(表 4-5 和表 4-6)。

表 4-5 盘州市交通干线影响评价结果

等级	分值	面积/km^2	所占国土面积比例/%
影响较小区域	1	1135.07	27.98
影响一般区域	2	1458.47	35.96
影响较大区域	3	776.53	19.15
影响最大区域	4	685.93	16.91

表 4-6 盘州市各乡镇交通干线影响评价结果 （单位：km^2）

乡镇名	影响最大区域	影响较大区域	影响一般区域	影响较小区域
刘官街道	0.31	119.16	0	2.04
胜境街道	87.71	40.24	16.38	0
红果街道	54.96	42.08	10.22	0
两河街道	160.06	5.66	1.29	1.91
亦资街道	16.52	37.92	4.27	3.55
翰林街道	16.42	13.51	16.28	1.15
柏果镇	31.66	119.01	43.76	11.96
盘关镇	51.96	65.71	58.82	0
石桥镇	0	14.39	113.32	65.12
竹海镇	0	0	183.40	63.70
保田镇	0	2.45	135.06	76.98
鸡场坪镇	161.11	4.38	45.41	50.45
双凤镇	24.66	52.10	24.30	47.01
英武镇	0	64	0.53	99.51
民主镇	0	39.83	91.71	0.01
响水镇	0	0.07	77.95	10.60
大山镇	0	34.94	106.88	69.65
丹霞镇	1.74	11.33	135.16	32.75
乌蒙镇	0	0	63.73	39.62
新民镇	0	0	15.62	135.29
淤泥乡	0	0	18.46	162.95
羊场乡	0	14.07	44.65	64.44
坪地乡	61.07	10.77	62.79	23.44
普古乡	17.75	0.12	55.21	75.89
保基乡	0	0	120.11	14.59
旧营乡	0	84.79	0	15.35
普田乡	0	0	13.16	67.11

（三）区位优势评价

区位优势度是衡量一个地区经济、社会发展现状和发展潜力的重要指标。作为衡量交通通达性一个较为重要的指标，与中心城区的运输距离往往能够体现各地方对外交通的优劣程度，同时也反映出各地受各相邻中心城市以及本市县中心城区的辐射力影响的大小。为加强区域内部资源整合与生产力要素合理配置，区位优势度评价在市县经济规划中起到日益重要的作用。

首先利用空间规划底图，计算盘州市各乡镇至周边市县中心城区（2h 车程距离内）的车程距离与交通距离，提取周边市县的经济数据；其次计算区位评价系数，按照周边市县生产总值降序排为 GDP_a、GDP_b、GDP_c、…、GDP_i，分别计算 GDP_a、GDP_b、GDP_c 与 GDP_i 的比值 α_a、α_b、α_c、…、α_i，按照分级标准（表 4-7）确定外部区位优势评价系数 β；再次，依据盘州市各乡镇至邻近县域中心的车程距离以及各乡镇至县城中心的最短交通距离得出各乡镇内外部区位优势评分等级；最后对外部区位优势度和内部区位优势度进行综合评价，得出县域各乡镇的区位优势度，值越大表示接受中心城市辐射带动作用越强，发展潜力越大，区位优势度越高。

表 4-7　区位优势分级表

影响因子	分级范围	分值
本市县各地至周边市县 i 中心城区的车程距离	车程≤30min	$X_{外部区位i}=a_i \cdot \beta$
	30min＜车程≤60min	$X_{外部区位i}=3a_i \cdot \beta/4$
	60min＜车程≤90min	$X_{外部区位i}=a_i \cdot \beta/2$
	90min＜车程≤120min	$X_{外部区位i}=a_i \cdot \beta/4$
	车程≥120min	$X_{外部区位i}=0$
市县各地至中心城区的交通距离	距离≤D	4
	D＜距离≤$2D$	3
	$2D$＜距离≤$3D$	2
	$3D$＜距离≤$4D$	1
	距离＞$4D$	0
区位评价系数	$\beta=1$	$\alpha=[1,\alpha_a/4+3/4]$
	$\beta=2$	$\alpha=(\alpha_a/4+3/4,\alpha_a/2+1/2]$
	$\beta=3$	$\alpha=(\alpha_a/2+1/2,3\alpha_a/4+1/4]$
	$\beta=4$	$\alpha=(3\alpha_a/4+1/4,\alpha_a]$

注：盘州市中心城区至本县行政边界最远距离的 1/5 设为 D。

区位优势的评价函数为

$$f_{外部区位}=\begin{cases}4 & X_{外部区位a}+X_{外部区位b}+\cdots+X_{外部区位z}>3\max/4\\3 & \max/2<X_{外部区位a}+X_{外部区位b}+\cdots+X_{外部区位z}\leqslant 3\max/4\\2 & \max/4<X_{外部区位a}+X_{外部区位b}+\cdots+X_{外部区位z}\leqslant \max/2\\1 & 0<X_{外部区位a}+X_{外部区位b}+\cdots+X_{外部区位z}\leqslant \max/4\\0 & X_{外部区位a}+X_{外部区位b}+\cdots+X_{外部区位z}=0\end{cases} \tag{4-3}$$

$$f_{\text{内部区位}}=\begin{cases}4 & X_{\text{内部区位}}\leqslant D\\3 & D<X_{\text{内部区位}}\leqslant 2D\\2 & 2D<X_{\text{内部区位}}\leqslant 3D\\1 & 3D<X_{\text{内部区位}}\leqslant 4D\\0 & X_{\text{内部区位}}>4D\end{cases} \tag{4-4}$$

$$f_{\text{区位优势}}=\begin{cases}4 & f_{\text{外部区位}}+f_{\text{内部区位}}=7,8\\3 & f_{\text{外部区位}}+f_{\text{内部区位}}=5,6\\2 & f_{\text{外部区位}}+f_{\text{内部区位}}=3,4\\1 & f_{\text{外部区位}}+f_{\text{内部区位}}=1,2\\0 & f_{\text{外部区位}}+f_{\text{内部区位}}=0\end{cases} \tag{4-5}$$

式中，$f_{\text{区位优势}}$为市县各地的区位优势评价值；$f_{\text{外部区位}}$为外部区位评价值；$f_{\text{内部区位}}$为内部区位评价值。$f_{\text{区位优势}}$分值越高，表明区位优势越大。盘州市区位优势分为大、较大、一般和较小 4 个等级，详见表 4-8。根据区位优势度评价模型，结合县域交通实际情况，对县域各乡镇的外部区位和内部区位优势度进行综合分析，制定出评价等级，见表 4-9。

表 4-8 区位优势评价等级

等级	分值
大	4
较大	3
一般	2
较小	1
小	0

表 4-9 盘州市各乡镇区位优势评价

乡镇名称	外部区位	内部区位	综合评价	区位优势	评价
刘官街道	4	2	6	3	较大
胜境街道	2	4	6	3	较大
红果街道	3	4	7	4	大
两河街道	3	4	7	4	大
亦资街道	3	4	7	4	大
翰林街道	3	4	7	4	大
柏果镇	2	0	2	1	较小
盘关镇	1	2	3	2	一般
石桥镇	1	3	4	2	一般
竹海镇	1	0	1	1	较小
保田镇	4	0	4	2	一般
鸡场坪镇	1	2	3	2	一般
双凤镇	2	1	3	2	一般
英武镇	4	0	4	2	一般
民主镇	1	0	1	1	较小

续表

乡镇名称	外部区位	内部区位	综合评价	区位优势	评价
响水镇	3	1	4	2	一般
大山镇	2	0	2	1	较小
丹霞镇	1	3	4	2	一般
乌蒙镇	1	0	1	1	较小
新民镇	2	0	2	1	较小
淤泥乡	2	0	2	1	较小
羊场乡	1	0	1	1	较小
坪地乡	3	0	3	2	一般
普古乡	2	0	2	1	较小
保基乡	1	0	1	1	较小
旧营乡	2	1	3	2	一般
普田乡	4	0	4	2	一般

(四)人口聚集度评价

人口集聚是人口空间分布格局最直观和最集中的体现,人口聚集度是评估一个地区现有人口集聚状态的集成性指标项,通过人口密度与人口增长率系数来反映。

盘州市人口聚集度评价以乡镇为基本单元,首先计算出各乡镇近五年的人口增长率与现人口密度;其次根据人口增长率确定各乡镇人口增长率权系数 d;将乡镇人口聚集度按照标准划为聚集度高、较高、一般、低 4 个区间(表 4-10);最后通过人口密度与 d 相乘测算人口聚集度评价结果并对各乡镇人口聚集度进行赋值,评价结果详见表 4-11。

$$\text{乡镇人口聚集度}=\text{乡镇人口密度}\times d \tag{4-6}$$

$$\text{乡镇人口密度}=\text{乡镇总人口}/\text{乡镇土地总面积} \tag{4-7}$$

人口聚集度评价函数为

$$f_{\text{人口聚集度}}=\begin{cases}4 & \min+3\varDelta\leqslant X_{\text{人口聚集度}}\leqslant\max\\3 & \min+2\varDelta\leqslant X_{\text{人口聚集度}}<\min+3\varDelta\\2 & \min+\varDelta\leqslant X_{\text{人口聚集度}}<\min+2\varDelta\\1 & \min\leqslant X_{\text{人口聚集度}}<\min+\varDelta\end{cases} \tag{4-8}$$

式中,$f_{\text{人口聚集度}}$为人口聚集度评价值;$X_{\text{人口聚集度}}$为乡镇人口聚集度值;max、min 分别为 $X_{\text{人口聚集度}}$的最大值和最小值;$\varDelta$ 为 max 和 min 差值的 1/4。$f_{\text{人口聚集度}}$分值越大,表明人口聚集度越高。

表 4-10 人口聚集度评价等级表

等级	分值
人口聚集度高	4
人口聚集度较高	3
人口聚集度一般	2
人口聚集度低	1

表 4-11 盘州市各乡镇人口聚集度评价

乡镇名	综合评价值	评价
刘官街道	2	人口聚集度一般
胜境街道	2	人口聚集度一般
红果街道	2	人口聚集度一般
两河街道	3	人口聚集度较高
亦资街道	3	人口聚集度较高
翰林街道	3	人口聚集度较高
柏果镇	3	人口聚集度较高
盘关镇	2	人口聚集度一般
石桥镇	2	人口聚集度一般
竹海镇	1	人口聚集度低
保田镇	1	人口聚集度低
鸡场坪镇	2	人口聚集度一般
双凤镇	4	人口聚集度高
英武镇	1	人口聚集度低
民主镇	1	人口聚集度低
响水镇	2	人口聚集度一般
大山镇	1	人口聚集度低
丹霞镇	2	人口聚集度一般
乌蒙镇	1	人口聚集度低
新民镇	1	人口聚集度低
淤泥乡	1	人口聚集度低
羊场乡	1	人口聚集度低
坪地乡	1	人口聚集度低
普古乡	1	人口聚集度低
保基乡	1	人口聚集度低
旧营乡	1	人口聚集度低
普田乡	1	人口聚集度低

（五）经济发展水平评价

经济发展水平是指一个区域经济发展的规模、速度和所达到的水准，是反映一个地区经济发展现状和增长活力的综合性指标。经济发展水平评价主要由人均地区生产总值与地区生产总值增长率构成。以乡镇为基本单元，首先计算各乡镇近五年的地区生产总值增长率与现人均地区生产总值；其次根据地区近五年生产总值增长率确定各乡镇生产总值增长率权系数 k(1～1.5)（表 4-12）将乡镇经济发展水平按照标准划为经济发展水平高、较高、一般、较低 4 个区间(表 4-13)；最后通过人均 GDP 与 k 相乘测算得出经济发展水平评价结果并对各乡镇经济发展水平进行赋值，评价结果详见表 4-14。

表 4-12　各乡镇 k 值取值

经济增长强度	k 值
[0,5%)	1
[5%,10%)	1.2
[10%,20%)	1.3
[20%,30%)	1.4
[30%,+∞)	1.5

$$乡镇经济发展水平=乡镇人均地区生产总值\times k \tag{4-9}$$

$$乡镇人均地区生产总值=乡镇地区生产总值/乡镇总人口 \tag{4-10}$$

经济发展水平的评价函数为

$$f_{经济发展水平}=\begin{cases}4 & \min+3\Delta\leqslant X_{经济发展水平}\leqslant\max\\3 & \min+2\Delta\leqslant X_{经济发展水平}<\min+3\Delta\\2 & \min+\Delta\leqslant X_{经济发展水平}<\min+2\Delta\\1 & \min\leqslant X_{经济发展水平}<\min+\Delta\end{cases} \tag{4-11}$$

式中，$f_{经济发展水平}$为经济发展水平评价值；$X_{经济发展水平}$为中心城区、各镇的经济发展水平评价值；max、min 分别为$X_{经济发展水平}$的最大值和最小值；Δ为 max 与 min 差值的 1/4。$f_{经济发展水平}$分值越大，表明经济发展水平越高。

表 4-13　经济发展水平评价等级表

等级	分值
经济发展水平高	4
经济发展水平较高	3
经济发展水平一般	2
经济发展水平较低	1

表 4-14　盘州市经济发展水平评价表

乡镇名称	综合评价值	评价	乡镇名称	综合评价值	评价
红果街道	4	高	竹海镇	2	一般
两河街道	4	高	大山镇	2	一般
翰林街道	4	高	石桥镇	2	一般
亦资街道	4	高	英武镇	2	一般
鸡场坪镇	3	较高	丹霞镇	2	一般
刘官街道	3	较高	乌蒙镇	2	一般
胜境街道	3	较高	新民镇	2	一般
盘关镇	3	较高	坪地乡	1	较低
柏果镇	3	较高	普田乡	1	较低
淤泥乡	3	较高	羊场乡	1	较低
双凤镇	3	较高	保基乡	1	较低
保田镇	2	一般	旧营乡	1	较低
民主镇	2	一般	普古乡	1	较低
响水镇	2	一般	—	—	—

（六）自然灾害评价

盘州市岩性以硬质及软硬相间岩类为主，岩体较为破碎，地表水系较发育，沟谷纵横交错。存在构造剥蚀、侵蚀浅切中山、溶蚀槽谷、溶蚀峰丛河谷谷地地貌，地形切割深度大，侵蚀较为强烈，地质环境脆弱，导致一些地区边坡失稳、地面变形，是自然灾害多发区。近年来县城集镇、公路及民房建设等人类工程活动较为强烈，加剧了自然灾害的发生，给人民的生产、生活带来较大损失和危害，境内主要自然灾害有滑坡、崩塌、泥石流、地面塌陷、旱灾及风雹。

首先按照表 4-15～表 4-17 中的标准对自然灾害影响的各单因子进行评价；其次对单因子评价的自然灾害影响进行区域复合，判断盘州市的自然灾害影响是单因子作用还是多因子作用；然后在单因子作用的自然灾害影响区域，根据单因子自然灾害影响结果确定区域自然灾害影响程度，对多因子综合作用的自然灾害影响区域，则使用最大因子法确定自然灾害影响。结合盘州市实际情况，对自然灾害影响的各单因子采用最大因子法计算出对盘州市自然灾害影响最大的灾害类型是地质灾害（滑坡、崩塌、泥石流、地面塌陷）；最后，采用最大因子法，按照表 4-18 划分盘州市自然灾害影响等级，并赋值，得到最终评价结果。计算公式如下：

$$自然灾害影响=\max\{地质灾害影响，干旱灾害影响，风雹灾害影响\} \tag{4-12}$$

表 4-15　地质灾害影响评价表

地质灾害危害程度	地质灾害影响等级
重度	大
中度	较大
轻度	略大
微度	无

表 4-16　干旱灾害影响评价表

干旱灾害危险程度	干旱灾害影响等级
特严重	较大
较严重	略大
中等/较轻/轻	无

表 4-17　风雹灾害影响评价表

风雹灾害危害程度	风雹灾害影响等级
重度	大
中度	较大
轻度	略大
微度	无

表 4-18 自然灾害影响等级表

等级	分值
影响极大	0
影响大	1
影响较大	2
影响略大	3
无影响	4

对盘州市 27 个乡镇的地质灾害、干旱灾害、风雹灾害影响进行评价，对比分析最大影响因子并进行类型归并赋值，最终得到区域自然灾害影响评价结果。存在自然灾害影响的有 24 个乡镇，详见表 4-19。24 个乡镇灾害类型不一，以滑坡、崩塌、泥石流、地面塌陷地质灾害为主，部分城镇存在干旱、风雹灾害，但影响不大。

表 4-19 盘州市各乡镇自然灾害影响程度表

乡镇名	自然灾害影响程度	分值
刘官街道	影响略大	3
胜境街道	影响较大	2
红果街道	影响大	1
两河街道	影响略大	3
亦资街道	无影响	4
翰林街道	无影响	4
柏果镇	影响大	1
盘关镇	影响大	1
石桥镇	影响大	1
竹海镇	影响较大	2
保田镇	影响略大	3
鸡场坪镇	影响较大	2
双凤镇	影响较大	2
英武镇	无影响	4
民主镇	影响较大	2
响水镇	影响较大	2
大山镇	影响较大	2
丹霞镇	影响大	1
乌蒙镇	影响较大	2
新民镇	影响较大	2
淤泥乡	影响较大	2
羊场乡	影响大	1
坪地乡	影响略大	3
普古乡	影响略大	3
保基乡	影响略大	3
旧营乡	影响略大	3
普田乡	影响较大	2

（七）可利用土地资源评价

可利用土地资源是由后备适宜建设用地的数量、质量、集中规模三个要素构成，通过人均可利用土地资源或可利用土地资源来反映，可评价一个地区剩余或潜在可利用土地资源对未来人口集聚、工业化和城镇发展的承载能力。

将数字地形图、土地利用现状图以及行政区划图等图件经过空间处理以及空间叠加之后，根据计算公式进行数据提取及空间分析，并按照分级标准进行丰度分级（表 4-20），计算公式如下：

人均可利用土地资源=可利用土地资源/常住人口 (4-13)

可利用土地资源=适宜建设用地面积–已有建设用地面积–基本农田面积 (4-14)

适宜建设用地面积=（地形坡度∩海拔）–所含河湖库等水域面积–所含林草地面积 (4-15)

已有建设用地面积=城镇用地面积+农村居民点用地面积+独立工矿用地面积+交通用地面积+特殊用地面积+水利设施建设用地面积 (4-16)

基本农田面积=适宜建设用地面积内的耕地面积×β (4-17)

式中，β 取国家标准 0.80。

根据盘州市海拔与地形坡度条件，适宜建设用地面积计算中“地形坡度∩海拔”采用的选算条件为海拔低于 2000m 对应坡度小于 20°的土地及海拔大于 2000m 对应坡度小于 15°的土地。

表 4-20 可利用土地资源分级标准

人均可利用土地资源面积/(亩/人)	可利用土地资源/km²	分值	等级
＞2	＞320	4	丰富
0.8～2	150～320	3	较丰富
0.3～0.8	100～150	2	中等
0.1～0.3	50～100	1	较缺乏
＜0.1	＜50	0	缺乏

注：1 亩≈666.67m²。

可利用土地资源评价函数为

$$f_{\text{可利用土地资源}}=\begin{cases}4 & 2<X_{\text{人均可利用土地资源}} \\ 3 & 0.8<X_{\text{人均可利用土地资源}}\leqslant 2 \\ 2 & 0.3<X_{\text{人均可利用土地资源}}\leqslant 0.8 \\ 1 & 0.1<X_{\text{人均可利用土地资源}}\leqslant 0.3 \\ 0 & X_{\text{人均可利用土地资源}}\leqslant 0.1\end{cases} \tag{4-18}$$

式中，$f_{\text{可利用土地资源}}$为可利用土地资源评价值；$X_{\text{人均可利用资源}}$为人均可利用资源评价值。$f_{\text{可利用土地资源}}$分值越高，表明可利用土地资源越丰富。

盘州市可利用土地资源丰富，面积为 452.99km²，占总面积的 11.17%；人均可利用土地资源丰富，人均为 0.63 亩。盘州市亦资街道和翰林街道人均可利用土地资源较缺乏；胜境街道、红果街道、柏果镇、盘关镇及石桥镇等人均可利用土地资源中等；保田镇、竹海镇、普田乡及刘官街道等人均可利用土地资源较丰富(表 4-21)。

表 4-21 盘州市可利用土地资源评价结果

乡镇名	可利用土地资源面积/km^2	人均可利用土地资源面积/(亩/人)	评价分值
刘官街道	21.37	1.16	3
胜境街道	18.22	0.57	2
红果街道	10.18	0.70	2
两河街道	33.96	1.15	3
亦资街道	6.33	0.21	1
翰林街道	4.04	0.13	1
柏果镇	21.23	0.34	2
盘关镇	21.41	0.48	2
石桥镇	17.64	0.41	2
竹海镇	33.18	1.22	3
保田镇	29.59	1.29	3
鸡场坪镇	32.68	0.57	2
双凤镇	17.38	0.44	2
英武镇	12.86	0.76	2
民主镇	18.12	1.02	3
响水镇	9.06	0.54	2
大山镇	26.23	0.75	2
丹霞镇	27.74	0.69	2
乌蒙镇	7.02	0.57	2
新民镇	16.25	0.79	2
淤泥乡	10.33	0.59	2
羊场乡	10.81	0.64	2
坪地乡	9.50	0.41	2
普古乡	10.47	0.74	2
保基乡	7.69	0.96	3
旧营乡	9.54	0.81	3
普田乡	10.17	1.22	3

(八)可利用水资源评价

首先计算盘州市可开发利用的水资源量、已开发利用水资源量及入境可开发利用水资源潜力；然后通过公式计算出可利用水资源潜力和人均可利用水资源潜力，按照表 4-22 中的标准对可利用水资源进行分级，并赋值，得到评价结果。

$$可开发利用水资源量=地表水可利用量+地下水可利用量 \tag{4-19}$$

地表水可利用量=多年平均地表水资源量-河道生态需水量-不可控制的洪水量(4-20)

地下水可利用量=与地表水不重复的地下水资源量-地下水系统生态需水量
-无法利用的地下水量 (4-21)

已开发利用水资源量=农业用水量+工业用水量+生活用水量+生态用水量 (4-22)

入境可开发利用水资源潜力=现状入境水资源量*r (4-23)

式中，r 取值范围为[0,5%]。

人均可利用水资源潜力=可利用水资源潜力/常住人口 (4-24)

可利用水资源潜力=可开发利用水资源量-已开发利用水资源量
+可开发利用入境水资源量 (4-25)

表 4-22 国家级人均水资源潜力分级标准

等级	人均水资源潜力/m^3	分值
丰富	>1000	4
较丰富	500～1000	3
中等	200～500	2
较缺乏	0～200	1
缺乏	<0	0

可利用水资源评价函数为

$$f_{可利用水资源}=\begin{cases}4 & 1000<X_{人均水资源潜力}\\3 & 500<X_{人均水资源潜力}\leqslant 1000\\2 & 200<X_{人均水资源潜力}\leqslant 500\\1 & 0\leqslant X_{人均水资源潜力}\leqslant 200\\0 & X_{人均水资源潜力}<0\end{cases} \tag{4-26}$$

式中，$f_{可利用水资源}$为可利用水资源评价值；$X_{人均水资源潜力}$为人均可利用水资源潜力。$f_{可利用水资源}$分值越高，表明可利用水资源丰富。

通过可利用水资源评价得出盘州市可利用水资源丰富区分布在响水镇、保田镇、石桥镇；红果街道、亦资街道、翰林街道、柏果镇、乌蒙镇、盘关镇、坪地乡可利用水资源较丰富；可利用水资源中等区域分布在两河街道、刘官街道、羊场乡和旧营乡；其他可利用水资源均表现出不同程度缺乏。总体来看，盘州市可利用水资源可开发利用空间较大。

(九)环境容量评价

环境容量是在人类生存和自然生态系统不致受害的前提下，某一环境所能容纳的污染物的最大负荷量，用于评估一个地区在生态环境不受危害前提下可容纳污染物的能力，主要通过大气和水环境对典型污染物的容纳能力来反映，环境容量越小，则越趋向限制开发。对区域环境容量进行评价并计算其承载能力是开展区域空间开发评价的重要环节。

首先按照数值的自然分布规律，对单因素环境容量承载指数(a_i)进行等级划分，分别是无超载($a_i \leqslant 0$)、轻度超载($0 < a_i \leqslant 1$)、中度超载($1 < a_i \leqslant 2$)、重度超载($2 < a_i \leqslant 3$)和极超载($a_i > 3$)。

(1)大气环境容量(SO_2)计算：

$$Q = A(C_{ki} - C_0)\frac{S_i}{\sqrt{S}} \tag{4-27}$$

式中，Q 为 SO_2 年允许排放总量限值，即大气环境容量(SO_2)($\times 10^4$t/a)；A 为地理区域性总量控制系数($\times 10^4$km^2/a)；依据评价区域的地理位置，A 值选择依据《制定地方大气污染物排放标准的技术方法》(GB/T 3840—1991)取 2.94；S 为控制区域总面积，为评价单元的建成区面积(km^2)；S_i 为第 i 功能区面积(km^2)；C_{ki} 为国家或地方关于大气环境质量标准中第 i 个区域年平均浓度限值(mg/m^3)；C_0 为控制区的背景浓度(mg/m^3)。

(2)水环境容量(COD)计算：

$$W = Q_i(C_i - C_{i0}) + kC_iQ_i \tag{4-28}$$

式中，W 为 COD 允许限值，即水环境容量(COD)($\times 10^4$t/a)；C_i 为第 i 功能区的目标浓度，采用地表水三级标准，为 20mg/L；C_{i0} 为第 i 种污染物的本底浓度；Q_i 为第 i 功能区的可利用地表水资源量；k 为污染物综合降解系数，一般河道水质降解系数为 0.20(L/d)。

(3)承载能力的计算。对于特定污染物，环境容量承载能力指数 a_i 为

$$a_i = \frac{P_i - G_i}{G_i} \tag{4-29}$$

式中，G_i 为 i 污染物的环境容量；P_i 为 i 污染物的排放量。

将主要污染物的承载等级分布图进行空间叠加，取二者中最高的等级为综合评价的等级，并按照环境容量承载能力数值的自然分布规律，将承载等级分为五等(表 4-23)。

表 4-23 环境容量评价等级表

等级	分值
无超载	4
轻度超载	3
中度超载	2
重度超载	1
极超载	0

$$\text{环境容量} = \max\{\text{大气环境容量}(SO_2), \text{水环境容量}(COD)\} \tag{4-30}$$

环境容量评价函数为

$$f_{\text{环境容量}} = \begin{cases} 4 & \text{无超载} \\ 3 & \text{轻度超载} \\ 2 & \text{中度超载} \\ 1 & \text{重度超载} \\ 0 & \text{极超载} \end{cases} \tag{4-31}$$

式中，$f_{环境容量}$为环境容量评价值，分值越高，表明环境容量承载能力越高。

根据贵州省主体功能区规划和六盘水市生态环境局盘州分局提供的监测数据，分别计算出盘州市县域大气环境容量(SO_2)承载指数为0.76，水环境容量(COD)承载指数为0.95，属于轻度超载状态。将二者进行空间叠加，取轻度超载为环境容量综合评价的等级，赋值为3。

(十)生态系统脆弱性评价

生态系统脆弱性是表征区域生态环境脆弱程度的集成性指标，根据评价区域实际情况，选择采用沙漠化脆弱性、土壤侵蚀脆弱性、石漠化脆弱性、水土流失脆弱性等指标来反映。盘州市位于中国南部地区，不存在风力侵蚀及沙漠化。盘州市岩性以硬质及软硬相间岩类为主，节理裂隙极为发育，岩体较为破碎，地表水系较发育，土质疏松，土壤蓄水保水能力较弱。存在构造剥蚀、溶蚀槽谷、溶蚀峰丛河谷谷地地貌，地形切割深度大，侵蚀较为强烈，地质环境脆弱，石漠化发育明显。因此选用最大因子法对盘州市水土流失与石漠化脆弱性进行评价，以此来表征区域生态脆弱性。

首先分别评价水土流失脆弱性与石漠化脆弱性分级，其次采用最大限制因素法确定影响盘州市生态系统脆弱性的主导因素，最后根据主导因素的生态环境问题脆弱性程度确定整个区域生态系统脆弱性程度。根据生态系统脆弱性评价等级将其分为不脆弱、略脆弱、一般脆弱、较脆弱和脆弱5个等级，并赋相应分值(表4-24～表4-26)。

表4-24 水土流失脆弱性评价

水土流失程度	脆弱性等级	分值
微度	不脆弱	4
轻度	略脆弱	3
中度	一般脆弱	2
强烈	较脆弱	1
极强烈与剧烈	脆弱	0

表4-25 石漠化脆弱性分级

石漠化强度等级	基岩裸露/%	土被覆盖/%	坡度/(°)	植被+土被覆盖/%	平均土厚/cm	脆弱性等级
极强度石漠化	>90	<5	>30	<10	<3	脆弱
强度石漠化	>80	<10	>25	10～20	<5	较脆弱
中度石漠化	>70	<20	>22	20～35	<10	一般脆弱
轻度石漠化	>60	<30	>18	35～50	<15	略脆弱
潜在石漠化	>40	<60	>15	50～70	<20～15	略脆弱
无明显石漠化	<40	>60	<15	>70	>20	不脆弱

表 4-26　生态系统脆弱性评价等级表

等级	分值
脆弱	0
较脆弱	1
一般脆弱	2
略脆弱	3
不脆弱	4

基于盘州市生态系统脆弱性评价结果，盘州市生态系统不脆弱面积达 1896.74km^2，占总面积的 46.76%；略脆弱面积达 1003.23km^2，占总面积的 24.73%；一般脆弱面积达 628.57km^2，占总面积的 15.50%；较脆弱面积达 353.44km^2，占总面积的 8.71%；脆弱面积达 174.02km^2，占总面积的 4.29%。其中，双凤镇、英武镇、竹海镇、柏果镇、普古乡生态系统最脆弱(表 4-27)。

表 4-27　盘州市各乡镇生态系统脆弱性评价结果　(单位：km^2)

乡镇名	不脆弱面积	略脆弱面积	一般脆弱面积	较脆弱面积	脆弱面积
刘官街道	3.8594	81.404	19.6113	16.0133	3.6221
胜境街道	27.912	119.36	2.4656	5.1512	1.935
红果街道	41.431	40.147	17.8594	0.9506	6.695
两河街道	13.174	116.04	7.9215	25.193	6.588
亦资街道	18.264	32.186	10.4363	3.48	1.416
翰林街道	16.452	25.71	2.5662	3.323	3.413
柏果镇	99.209	43.623	45.4986	5.6078	11.54
盘关镇	81.966	40.916	21.8138	26.443	4.343
石桥镇	121.54	26.632	25.2942	6.511	3.675
竹海镇	167.94	21.173	26.7416	11.949	20.26
保田镇	73.696	86.735	35.8775	11.945	1.085
鸡场坪镇	148.03	78.368	29.0485	2.2889	3.602
双凤镇	62.496	27.911	26.4524	3.7848	29.42
英武镇	94.011	22.964	19.1607	2.9871	22.97
民主镇	77.583	16.541	19.2404	18.978	4.598
响水镇	38.746	21.025	14.2234	4.2725	5.049
大山镇	124.81	29.183	40.2594	13.210	3.995
丹霞镇	125.38	14.565	12.1214	22.206	7.188
乌蒙镇	54.834	16.258	14.9578	11.327	0.849
新民镇	91.272	4.9018	11.7128	21.993	1.499
淤泥乡	63.348	12.245	43.7908	56.799	5.221
羊场乡	80.987	10.351	30.7436	5.9731	1.548
坪地乡	110.22	20.235	13.1488	4.7094	8.671

续表

乡镇名	不脆弱面积	略脆弱面积	一般脆弱面积	较脆弱面积	脆弱面积
普古乡	41.158	22.535	51.8487	15.457	10.20
保基乡	28.977	36.932	39.6356	45.155	0.614
旧营乡	41.516	30.739	20.1406	4.6231	3.995
普田乡	47.929	4.547	26.003	3.1057	0.027

（十一）多指标综合评价

在完成适宜性指标与约束性指标的评价之后并赋予权重，研究结合盘州市实际情况，采用层次分析结合专家意见的方法确定各评价指标权重，各指标权重值总和为1。确定评价指标权重后，采用综合评价指数的方法构建盘州市多指标综合评价模型，对适宜性指标和约束性指标进行加权计算，最终形成多指标综合评价结果。

1. 多指标综合评价模型

将各单项指标评价结果进行加权综合，计算公式为

$$F_{叠加分析} = \sum_{i=0}^{n} \lambda_i \cdot f_i \tag{4-32}$$

式中，$F_{叠加分析}$为多指标综合评价值；i为各单项指标；f_i为各单项指标评价值；λ_i为各单项指标权重值；n为单项指标数量。当$f_{地形地势}$、$f_{自然灾害影响评价}$、$f_{可利用土地资源评价}$、$f_{可利用水资源评价}$、$f_{环境容量}$、$f_{生态系统脆弱性评价}$中任意一项为0时，$F_{叠加分析}$值为0，表明该区域土地不适宜开发。

2. 多指标综合评价分级

由于$F_{叠加分析}$取值为0～40时存在多种情况且数据分散，因此，将$F_{叠加分析}$的取值区间[0,40]进行四等分，并划定相应等级，得到多指标综合评价结果分级函数$G_{叠加分级}$。

$$G_{叠加分级} = \begin{cases} 一级 & 16 \leqslant F_{叠加分析} \\ 二级 & 11 \leqslant F_{叠加分析} < 16 \\ 三级 & 6 \leqslant F_{叠加分析} < 11 \\ 四级 & 0 \leqslant F_{叠加分析} < 6 \end{cases} \tag{4-33}$$

等级越高，说明该区域发展潜力越大，越适宜进行开发；级别越低，则发展受限程度越大，越倾向于保护。

结果显示盘州市综合评价结果为一级的空间面积为2154.58km^2，区域发展潜力较大，占全市总面积的53.12%；综合评价结果为二级的空间面积为343.98km^2，属于开发受限程度较小，具有一定发展潜力的区域，占全市总面积的8.48%；综合评价结果为三级的空间面积为32.62km^2，属于开发受限程度较大的区域，占全市总面积的0.81%；综合评价结果为四级的空间面积为1524.82km^2，属于开发受限程度最大的区域，占全市总面积的37.59%（图4-1）。

（十二）开发适宜性评价

将空间规划底图中形成的现状地表分区结果与多指标综合评价结果进行叠加，得到盘

州市开发适宜性评价结果。分为四个等级：一等为最适宜开发区域，二等为较适宜开发区域，三等为较不适宜开发区域，四等为最不适宜开发区域，叠加规则见表 4-28。

表 4-28　现状地表分区结果与多指标综合评价结果叠加规则表

<table>
<tr><th colspan="3">叠加</th><th rowspan="2">开发适宜性评价等级</th></tr>
<tr><th colspan="2">现状地表分区</th><th>多指标综合评价</th></tr>
<tr><td colspan="2">空间开发负面清单</td><td>一、二、三、四级</td><td>四等</td></tr>
<tr><td rowspan="5">过渡区</td><td>Ⅰ型</td><td>一、二、三、四级</td><td>等级相同</td></tr>
<tr><td>Ⅱ型</td><td>一、二、三、四级</td><td>均降一等</td></tr>
<tr><td rowspan="3">Ⅲ型</td><td>一级</td><td>一等</td></tr>
<tr><td>二级</td><td>三等</td></tr>
<tr><td>三级、四级</td><td>四等</td></tr>
<tr><td colspan="2">现状建成区</td><td>一、二、三、四级</td><td>等级相同</td></tr>
</table>

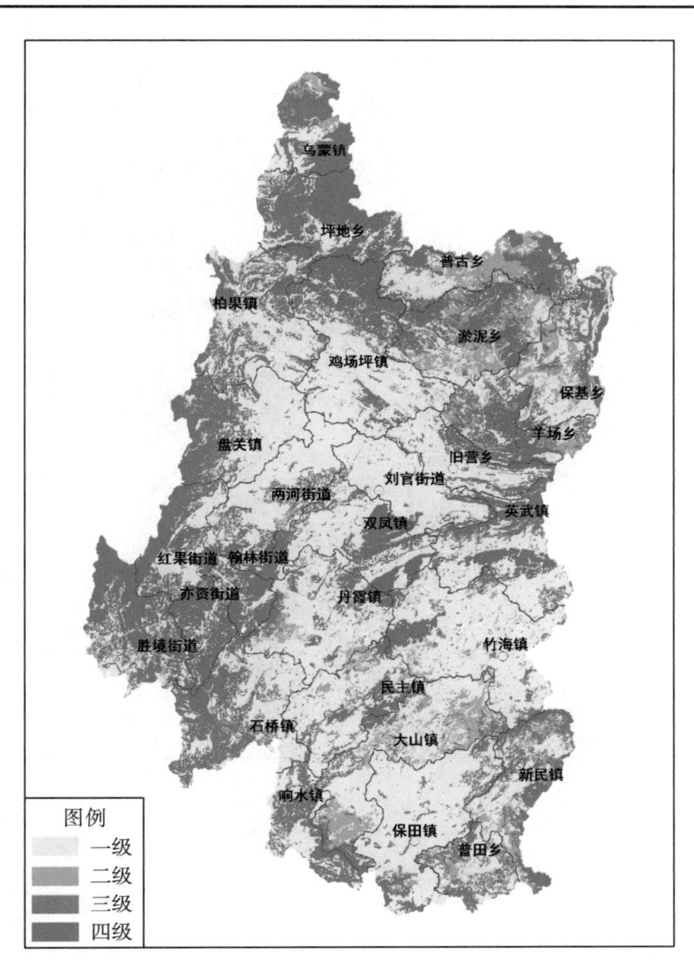

图 4-1　盘州市多指标综合评价图

将多指标综合评价结果与现状地表分区中的空间开发负面清单重叠区域，开发适宜性评价等级全部为四等；与Ⅰ型过渡区重叠区域，等级相同；与Ⅱ型过渡区重叠区域，等级均降一等；与Ⅲ型过渡区重叠区域，若多指标综合评价结果为一级，则开发适宜性评价等级为一等，若多指标综合评价结果为二级，则开发适宜性评价等级为三等，若多指标综合评价结果为三级和四级，则开发适宜性评价等级均为四等。评价结果显示盘州市适宜开发区域面积为365.46km^2，占全市面积9.01%；较适宜开发区域面积为607.30km^2，占全市面积14.97%；较不适宜开发区域面积为97.78km^2，占全市面积2.41%；不适宜开发区域面积为2985.46km^2，占全市面积73.61%(图4-2)。

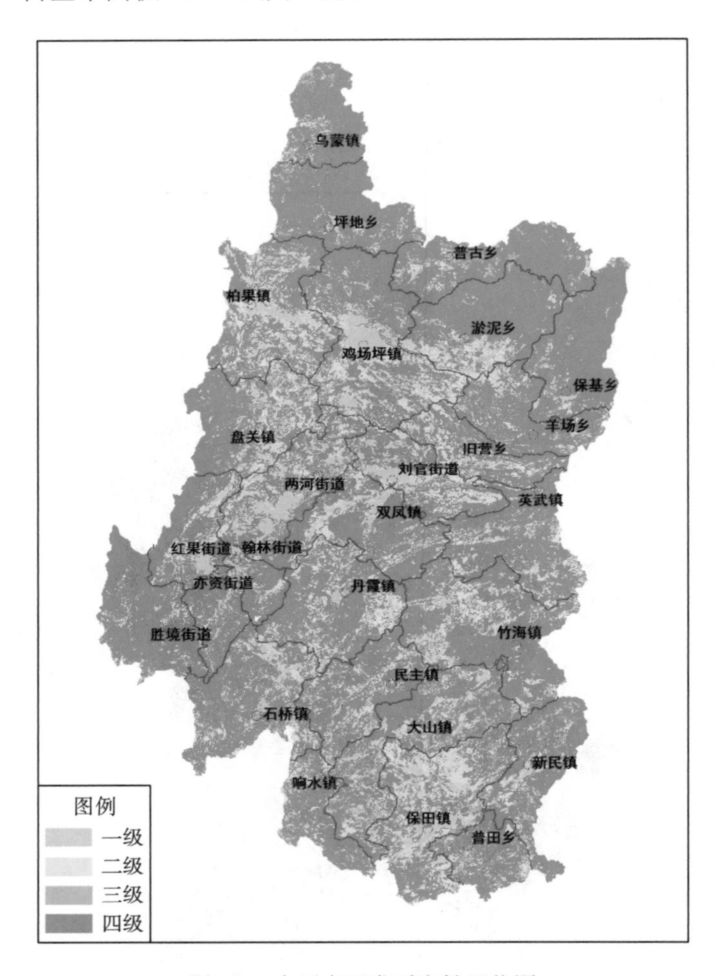

图4-2 盘州市开发适宜性评价图

四、盘州市三类空间优化布局

(一)三类空间优化布局

基于盘州市开发适宜性评价结果，结合现状地表分区，利用地理信息系统技术，根据评价结果并统筹考虑城镇建设、农业生产、生态保护的需要，科学划分城镇、农业、生态三类空间(图 4-3)。

(1)城镇空间。城镇空间包括现状建成区、与开发适宜性评价结果为一等和二等现状建成区相邻的Ⅰ型过渡区、与开发适宜性评价结果为一等和二等现状建成区相邻的Ⅱ型过渡区中的沙障、堆放物、其他人工堆掘地、盐碱地表、泥土地表、沙质地表、砾石地表、岩石地表，以及开发适宜性等级为一等的Ⅲ型过渡区。划定城镇发展空间范围约 307.44km^2，占全市面积的 7.58%。

(2)农业空间。农业空间包括基本农田保护区、与开发适宜性评价结果为三等和四等的现状建成区相邻的Ⅰ型过渡区、不与现状建成区相邻的Ⅰ型过渡区。划定农业生产空间范围约 1505.18km^2，约占全市面积的 37.11%。

(3)生态空间。包括空间开发负面清单中基本农田外的其他用地，以及除被划入城镇空间的其他Ⅱ型过渡区和Ⅲ型过渡区。划定生态空间范围约 2243.37km^2，约占全市面积的 55.31%。

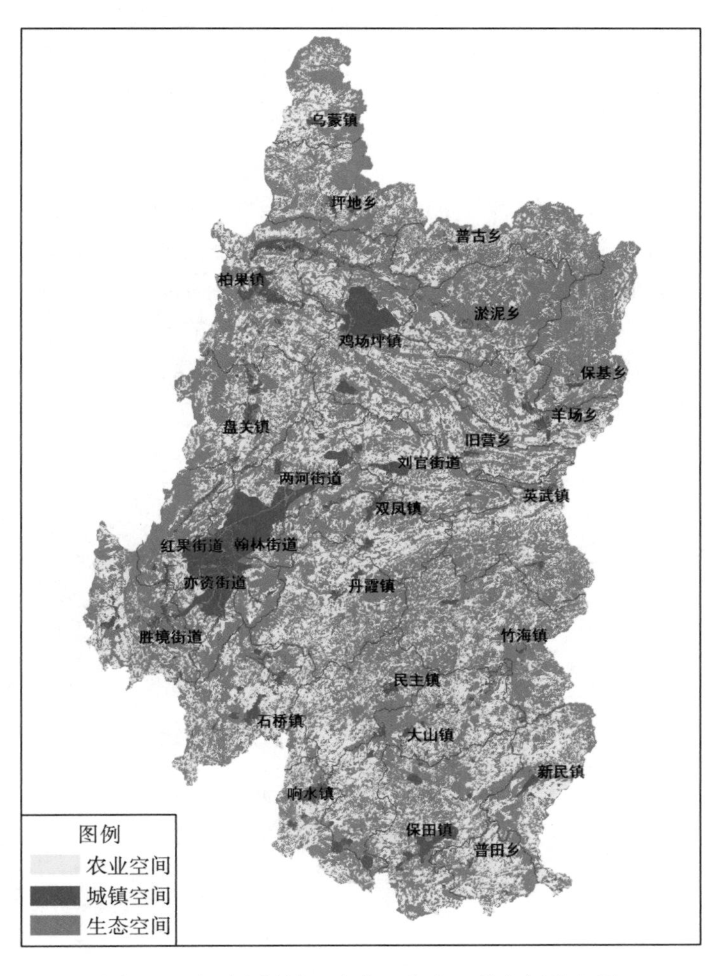

图 4-3　盘州市城镇、农业、生态三类空间分布图

（二）三类空间管控原则

1. 城镇空间

转变经济发展方式，调整和优化产业布局、降低资源消耗、增强污染防治，污染物排放量不得突破区域总量控制目标；严格项目环境准入条件，禁止发展高耗水、高污染、环境风险大的项目，加强区域水污染和大气污染综合治理，在保护生态环境的基础上推动和支撑全县经济绿色发展；推进产城融合，提升经济、旅游、文化、信息等综合服务功能，保护绿色空间，改善人居环境，提高人口的集聚力，创造更多的就业机会和更多的增收途径，承接农业空间与生态空间的产业转移和人口转移。

2. 农业空间

保护基本农田，控制农药、化肥的使用量，适度控制畜禽养殖规模，加强畜禽粪便集中处置力度；优化农业生产布局和品种结构，发展现代山地高效循环农业和生态农业，促进农业资源永续利用，加强土地整治和水利设施建设，提高农业综合生产能力、产业化水平和物质技术支撑能力。适度发展商贸、物流、旅游、特色食品和农副产品加工等服务业。

3. 生态空间

强化区域生态建设和环境保护，加强重要水源地保护和石漠化防治，对污染严重的地区，开展生态修复和小流域污染综合整治工程。严格管制各类开发活动，尽可能减少对自然生态系统的干扰，控制开发强度，减少农村居民点占用空间，引导居民有序向其他开发区域转移，腾出更多的空间用于保障生态系统良性循环。在保护生态系统功能前提下，因地制宜发展特色经济果林、生态旅游业、农产品加工业，带动农村经济发展和农民增收，保持一定的经济增长和财政自给能力。

第五章　喀斯特地区国家重点生态功能区建设

第一节　国家重点生态功能区建设背景与意义

2019 年环境保护部办公厅发布的《国家重点生态功能区保护和建设规划编制技术导则》明确定义，国家重点生态功能区是指在涵养水源、保持水土、调蓄洪水、防风固沙和维系生物多样性等方面具有重要作用的区域，需要国家和地方共同管理，并予以重点保护和限制开发的区域。喀斯特地区受特殊地质背景制约，生态环境本身十分脆弱，加之人类长期不合理的土地利用，导致生态环境更趋于恶化，并产生一系列生态环境问题，其实质是生态系统服务功能的衰退，严重影响和制约了该区域生态环境和经济社会的可持续发展。2017 年，国家发展和改革委员会办公厅发布《关于明确新增国家重点生态功能区类型的通知》（发改办规划〔2017〕201 号）中，贵州省新增 16 个国家重点生态功能区，明确为水土保持、水源涵养两大类型。生态功能区划从保护和增强区域可持续发展的生态环境支撑能力出发，根据生态环境特征、生态环境敏感性、生态系统服务功能的相似性和差异性，经过归纳分析，将区域划分为不同生态功能区。通过生态功能区划，可以有效地改善生态系统的管理，提高生态系统服务功能，为区域生态环境综合整治提供科学依据，同时有利于探索喀斯特贫困山区绿色发展新道路。

加强国家重点生态功能区环境保护和管理，是增强生态服务功能，构建国家生态安全屏障的重要支撑；是促进人与自然和谐，推动生态文明建设的重要举措；是促进区域协调发展，全面建成小康社会的重要基础；是推进主体功能区建设，优化国土开发空间格局、建设美丽中国的重要任务。保护和管理重点生态功能区，对于保持区域生态平衡，防止和减轻自然灾害，协调区域生态保护与经济社会发展，维护国家和地方生态安全具有重要意义。近年来，尽管喀斯特地区生产总值增长速度提升明显，但受历史、地理等客观条件制约，加快发展的诉求与贫困落后、生态环境脆弱的矛盾突出。围绕保护和修复生态环境、改善生态环境质量、增强提供生态产品与服务功能等主要建设任务，因地制宜地发展资源环境可承载的特色经济、适宜产业，提高发展质量和效益，对实现全面建成小康社会目标、保持人与自然和谐相处具有极大的积极作用。

第二节　国家重点生态功能区建设基本原则与空间布局

一、基本原则

保护优先，防治结合。优先加强重点生态功能区的生态保护，防止生态环境继续退化，并采取适当的生物和工程措施，尽快恢复和重建退化的生态功能。同时加强水污染、大气污染防治和固体废弃物管理，加大农村环境污染治理力度，严防生态功能被破坏。

限制开发，适度发展。重点生态功能区的建设应将经济发展和生态环境保护相结合，切实提高区域内人民的生活水平。在“适度”原则下，调整重点生态功能区内的产业结构，引导发展特色产业，促进自然资源合理利用与开发，最大限度地减轻人类活动对生态环境的影响，达到保护生态功能的目的。

因地制宜，量力而行。重点生态功能区的保护与建设要尊重自然规律和社会规律，并且符合国家和地方生态环境保护的法规和标准，各项措施、法规、项目要充分考虑在经济、技术上可行。

明确事权，共同推进。重点生态功能区的建设事关各级政府和相关部门。各相关部门根据各自职责分工，制定相关类型重点生态功能区管理的技术规范，指导相关类型的重点生态功能区的科学管理，共同推进重点生态功能区的建设。

二、空间布局

坚持“点上开发，面上保护”的原则，按照守住发展和生态两条底线的要求，根据区域现有开发强度和未来发展潜力，科学划定城镇发展空间、农业生产空间和生态保护空间三类空间的开发管制界限，明确不同空间功能定位和发展方向。科学划定城镇发展空间、农业生产空间和生态保护空间，构建形成科学合理的城镇化发展格局、农业发展格局和生态安全格局是优化国土空间开发格局、推动形成主体功能区布局的重要基础。

城镇发展空间是重点进行城镇建设和发展城镇经济的地域，包括已经形成的各个城镇的建成区和规划的城镇建设区以及具有一定规模的开发园区。

农业生产空间是主要承担农产品生产和农村生活功能的地域，以田园风光为主，分布着一定数量的集镇和村庄。

生态保护空间是主要承担生态服务和生态系统维护功能的地域，以自然生态为主，包含一些零散分布的村落。

第三节　典型喀斯特地区国家重点生态功能区构建

一、荔波县基本情况

(1)自然条件。荔波县位于贵州省南部斜坡，珠江流域上游，处于贵州高原向广西丘陵过渡地带，介于东经 107° 37′～108° 18′，北纬 25° 7′～25° 39′。县境东北与黔东南州的从江县、榕江县相接，东南与南面分别与广西的环江县、南丹县毗邻，西与独山县交界，北部与三都水族自治县相连。全县总面积为 2415.47km²。

荔波县地势北高南低，地形地貌复杂，喀斯特发育特征明显，县内平均海拔 759m；属中亚热带湿润季风气候区，年均温为 18.5℃，年均降水量为 1211.9mm，年均相对湿度约为 78%；境内河流为山区雨源型，以降水补给为主，均属珠江流域；土壤类型多样，以石灰土面积分布最广；全县森林覆盖率达 71.97%，野生动植物种类繁多；生物资源丰富，富含煤矿、铅锌矿、铁矿等十余种矿产，其中以煤矿为主；荔波作为中国南方喀斯特第一批自然遗产地之一，既有丰富的喀斯特森林景观与优美的田园风景，也有由布依族、苗族、水族、瑶族等少数民族风情构成的人文风景。

(2)社会经济。截至2021年荔波县辖5镇2乡(其中1个水族乡、1个瑶族乡)1街道92个村，8个城市社区居委会，总人口为18.56万人，其中少数民族人口占93.21%。“十三五”以来，荔波经济社会发展取得了显著成效，连续五年位列全省县域第三方阵10个乙类县第一。2021年，地区生产总值完成74.65亿元，比上一年增长10.6%；500万元以上固定资产投资同比增长14.4%；2000万以上规模工业增加值同比增长48.2%；社会消费品零售总额同比增长14.2%；财政总收入5.9亿元，同比增长4.3%；农村常住居民人均可支配收入13633元，同比增长10.9%；城镇常住居民人均可支配收入37664元，同比增长9.1%；金融机构存款余额65.63亿元，同比下降1.6%；金融机构贷款余额110.48亿元，同比增长6.2%。

(3)生态地位。荔波县是“中国南方喀斯特”世界自然遗产地的核心地带，珠江上游重要的生态屏障，以国家重点生态功能区为主体的国家主体功能区建设试点示范县、国家生态文明示范工程试点县、国家级生态示范区、首批国家全域旅游示范区及国家生态旅游示范区，首批国际可持续发展试点城市，全省森林康养试点基地。县域内有“中国南方喀斯特”荔波世界自然遗产地，面积为730.16km^2，占全县面积的30.23%；省级以上自然保护地总面积合计1100.74km^2，占全县面积的43.25%。依据《省人民政府关于发布贵州省生态保护红线的通知》(黔府发〔2018〕16号)，荔波县生态保护红线面积为1206.50km^2，占全县面积的49.95%(占比排名全省第三位)，生态地位凸显，生态保护任务繁重。

二、面临的挑战

地方社会经济欠发达。近年来，尽管荔波县地区生产总值增长速度提升明显，但横向比较来看，经济总体规模仍然偏小，发展水平偏低。荔波县经济总量小，财政收入来源单一，在贵州省县域经济中处于中下游水平，加之受国家重点生态功能区限制开发和世界自然遗产地保护规划制约，产业引入门槛高，发展难度大，工业化程度低，走新型工业化道路的任务十分艰巨。

基础设施建设滞后。县级财政资金困难，可用于交通、电力、水利、通信等基础设施建设方面的资金十分有限，导致基础设施建设落后。交通设施方面，2021年全省高速公路通车里程突破8000km，而荔波县高速公路通车里程仅为51km；全县公路通车总里程达到1928km，其中县境内省道251km，县域出境快速通道仍比较滞后，交通通达度提升空间仍旧较大。支撑城乡发展的基础设施建设缺乏，严重制约了荔波县经济社会的快速健康发展。

生态环境脆弱。荔波县地处云贵高原东南端破碎地段，是珠江上游地区，也是黔南州喀斯特较复杂、分布广、面积较大的山区之一，生态区位重要，同时具有地形破碎、多山地、少坝子的特点。生态环境脆弱，受地形的影响，山地、平坝水热资源分布不均匀，干旱、洪涝、冰雹等自然灾害时有发生，土壤保肥保水性能差。另外，县域喀斯特面积为

1797.07km²，占全县面积的 73.90%，水土流失与石漠化现象依然突出，对保护区、遗产地、濒危物种生存空间已构成挤压和威胁。

发展与保护矛盾尖锐。荔波县多年来以放弃可能影响生态环境的发展选择和逐年增大的刚性投入来推进生态保护与建设，因撤除（关闭）煤矿、冶炼、电力等企业减少税费收入每年达 6000 多万元。虽然中央财政转移支付专项资金也在逐年增加，但受薄弱的经济基础、滞后的基础设施等客观条件制约，荔波县有限的财政支出用于生态环境保护与建设比例偏低，政府实际投入与生态环境建设的需要差距甚大，加快发展的诉求与保护生态环境的矛盾尖锐。

三、建设时效性

围绕推进国家主体功能区建设要求，统筹考虑“十三五”国民经济和社会发展规划、城乡规划、土地利用规划和生态环境保护等相关规划目标，充分衔接“十四五”发展定位与要求，坚守发展和生态两条底线，确定可达成的建设目标。到“十四五”中期科学合理的生态安全格局、城镇化发展格局和农业发展格局全面形成，不同国土空间的主体功能更加优化，产业结构更趋合理，生态系统稳定性增强，资源利用效率大幅度提升，生态产品供给能力明显增强，人与自然和谐相处的生态文明制度体系基本形成，实现与全省同步建成全面小康社会。

生态产品供给能力增强。生态环境质量明显改善，生态服务功能增强，生物多样性得到切实保护，生态安全得到有效保障，提供生态产品能力明显增强。

特色生态经济发展不断壮大。经济总量规模逐步扩大，发展质量显著提高，人均地区生产总值力争接近全省平均水平，提高全县文化旅游等服务业占地区生产总值比例，提升农产品中绿色、有机农产品种植面积。

生态环境保护与民生改善同步推进。生态环境进一步得到优化，人民生活水平进一步提高，城乡居民收入水平达到甚至超过全省平均水平，教育、医疗卫生、社会保障等城乡基本公共服务水平达到全省平均水平。

国土空间主体功能格局进一步优化。依据生态环境的承载能力，划定荔波县主体功能发展分区，优化国土空间开发格局，实现人与自然和谐相处，国土开发强度控制在 2.70%。形成“两屏三带”为主体的生态安全格局，生态系统服务功能得到增强，划定生态红线，珠江上游区域性生态安全得到保障；形成“一轴两翼一环”为主体的农业发展格局，农业产品供给能力明显增强；形成“一城四镇六点”为主体的城镇化发展格局，城镇化率达到 50%。

四、三类空间与发展分区划定

依托遥感与地理信息系统技术，深入分析荔波县生态环境质量特征、资源条件、环境容量以及人类活动强度等因子，对县域资源环境承载力进行评价；根据评价结果并统筹考虑城镇建设、农业生产、生态保护的需要，依据专家决策意见，科学划定荔波县城镇发展空间、农业生产空间和生态保护空间（图 5-1）。其中，城镇发展空间范围约为 65.21km²，约占全县面积的 2.68%；农业生产空间范围约为 380.61km²，约占全县面积的 15.65%；生态保护空间范围约为 1985.98km²，约占全县面积的 81.67%。

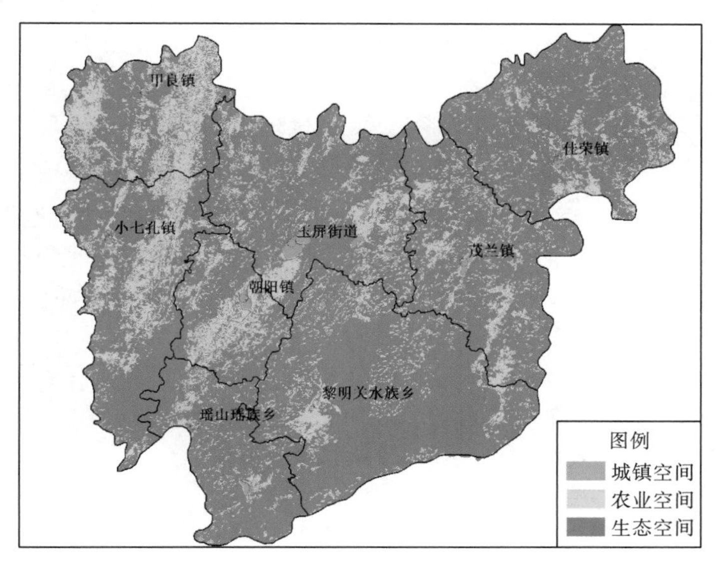

图 5-1　荔波县城镇、农业、生态空间分布图

按照坚持守住发展和生态两条底线，确保经济效益、社会效益、生态效益同步提升的要求，依据荔波县城镇发展空间、农业生产空间和生态保护空间分布状况，充分考虑人口集聚和城镇建设的适宜程度、农业产业发展方向以及生态环境保护规划，以定量为主、定性为辅，兼顾行政单元的完整性，进行荔波县发展分区划分，将荔波县国土空间分为适宜发展区、适度发展区和生态保护区（图 5-2）。

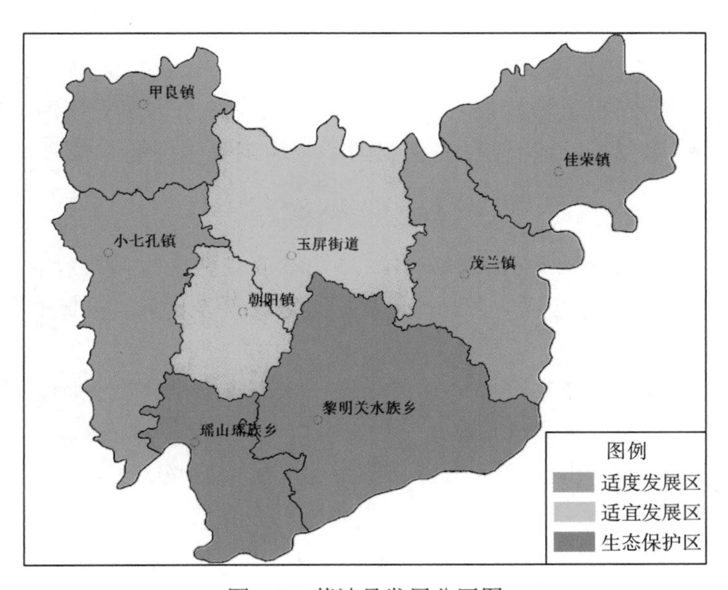

图 5-2　荔波县发展分区图

（一）适宜发展区

(1) 区域概况。主要包括玉屏街道、朝阳镇两个行政区。玉屏街道位于县中心区，朝阳镇位于县城西南部，该区域面积为537.46km^2，占全县面积的22.25%。206、312省道交会于此，交通相对便利。

(2) 功能定位。全县政治经济文化商贸中心区域，重要的人口和经济密集区，是推进城镇化发展和产业发展的重要区域，是带动全县经济社会发展的核心增长极。

(3) 发展与管制原则。转变经济发展方式，调整和优化产业布局、降低资源消耗、增强污染防治，污染物排放量不得突破区域总量控制目标；严格项目环境准入条件，禁止发展高耗水、高污染、环境风险大的项目，加强区域水污染和大气污染综合治理，在保护生态环境的基础上推动和支撑全县经济绿色发展。

推进玉屏—朝阳同城化发展，提升经济、旅游、文化、信息等综合服务功能，保护绿色空间，改善人居环境，提高人口的集聚力，创造更多的就业机会和更多的增收途径，承接其他区域的产业转移和人口转移。

（二）适度发展区

(1) 区域概况。主要包括甲良镇、小七孔镇、茂兰镇、佳荣镇四个重点镇。该区域地处荔波县两翼，西翼为甲良镇和小七孔镇，东翼为茂兰镇和佳荣镇，区域面积为1201.76km^2，占全县面积的49.75%。

(2) 功能定位。以提供农产品为主体功能，是荔波县重要绿色食品生产基地、林产品生产基地、畜产品生产基地、农产品深加工区和社会主义新农村建设示范区。

(3) 发展与管制原则。保护基本农田，控制农药、化肥的使用量，适度控制畜禽养殖规模，加强畜禽粪便集中处置；强化区域生态建设和环境保护，加强重要水源地保护和石漠化防治，对污染严重的地区，开展生态修复和小流域污染综合整治工程。

优化农业生产布局和品种结构，发展循环农业和生态农业，促进农业资源永续利用，加强土地整治和水利设施建设，提高农业综合生产能力、产业化水平和物质技术支撑能力。适度发展商贸、物流、旅游、特色食品和农副产品加工等服务业。

（三）生态保护区

(1) 区域概况。主要包括黎明关水族乡、瑶山瑶族乡两个少数民族乡。该区域地处荔波县南部，荔波世界自然遗产地所在，属于国家级禁止开发区域，区域面积为676.24km^2，占全县面积的28%。

(2) 功能定位。以提供生态产品为主体功能，生态安全的重要保障，是构建人与自然和谐相处的生态区。

(3) 发展与管制原则。严格管制各类开发活动，尽可能减少对自然生态系统的干扰，控制开发强度，减少农村居民点占用空间，引导居民有序向其他开发区域转移，腾出更多的空间用于保障生态系统良性循环。

在保护生态系统功能前提下，因地制宜发展特色经济果林、生态旅游业、农产品加工业，带动农村经济发展和农民增收，保持一定的经济增长和财政自给能力。

五、发展格局定位

(一)城镇化发展格局

坚持“统筹规划、合理布局、完善功能”的原则优化城镇空间布局，统筹考虑荔波县各地区交通、区位、经济社会发展基础、资源禀赋、环境承载能力和未来发展需要，构建“一城、四镇、六点”的城镇化发展格局，促进城乡协调发展(图 5-3)。

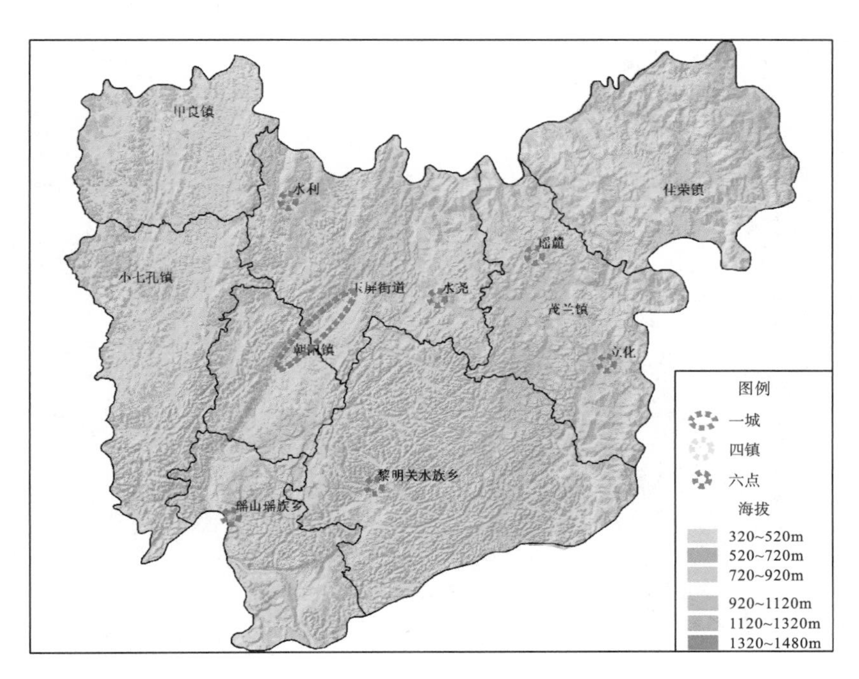

图 5-3　荔波县城镇化发展格局示意图

“一城”，即县城(玉屏—朝阳)。加快推进玉屏—朝阳一体化发展，统筹推进城区基础设施和公共服务设施建设，改善人居环境。大力发展特色优势服务业，特别是旅游地产、旅游服务、文化创意、商贸等产业，打造文化旅游体验与中枢服务区。积极发展旅游产品加工、民族服装、民族医药等产业，增强县城综合支撑能力。

“四镇”，即甲良镇、小七孔镇、佳荣镇和茂兰镇 4 个中心镇。加大镇区基础设施和公共服务设施建设力度，不断改善城镇人居环境。结合镇区建设，大力推进生态移民工程，增强镇区人口承载能力，引导人口向镇区集聚。甲良镇依托良好的交通区位和旅游资源，打造集山地健康体育、布依民居及风俗文化体验、避暑休闲度假为一体的旅游康体小镇；小七孔镇凭借独特的旅游资源，不断改善旅游服务设施，提升旅游服务品质；佳荣镇充分发挥位于两省区五县交界的区位优势，大力发展茶叶、桑蚕等优势产业，加强商贸物流基础设施建设和旅游开发，加快建成集旅游中转和边贸为一体的特色小镇；茂兰镇充分挖掘瑶族民风民俗，建设瑶族风情文化体验区和旅游商品加工区。2020 年四镇镇区总人口为 4 万人左右。

“六点”，即瑶山瑶族乡、黎明关水族乡、原立化镇、原瑶麓瑶族乡、原水利水族乡和原水尧水族乡的集镇。改善集镇人居环境，配套完善医疗卫生等基本公共服务设施，因地制宜发展特色旅游，积极引导人口向集镇集中。

（二）农业发展格局

构建以服务重点生态功能区建设为核心，以基本农田为基础，以发展现代山地高效农业为支撑，以农产品产业带、特色优势农产品生产基地为重要组成部分的“一轴两翼一环”的农业发展格局(图 5-4)。

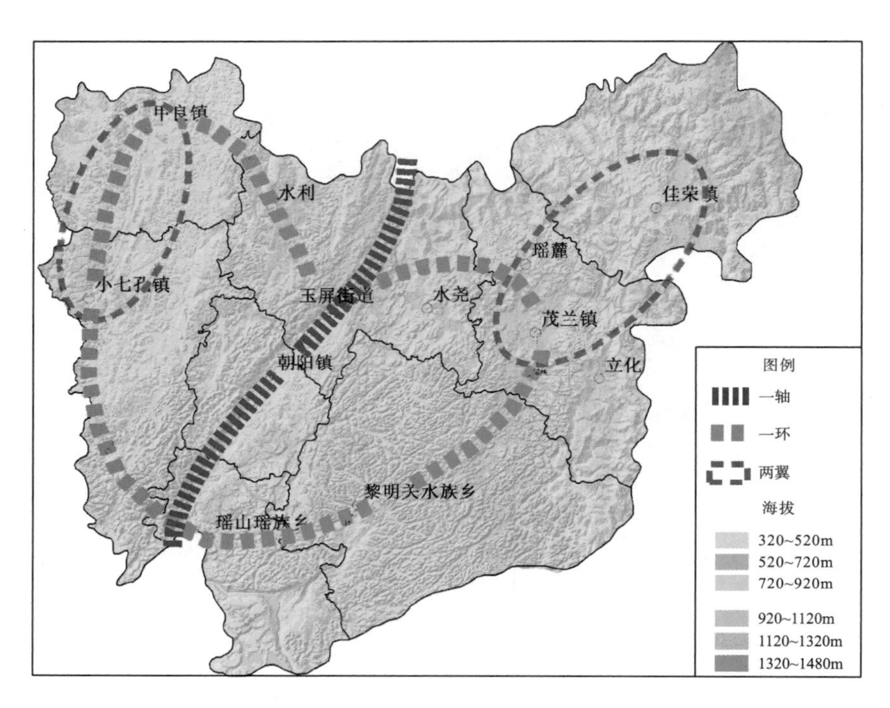

图 5-4 荔波县农业发展格局示意图

“一轴”，沿樟江两岸布局，包括玉屏街道、朝阳镇以及瑶山瑶族乡，重点生态功能为涵养水源、保护河流湿地，发展以蜜柚、血桃、枇杷、青梅等为主的优质精品水果产业带和以商品蔬菜为主的休闲观光农业示范园。

“两翼”，“东翼”以茂兰镇、佳荣镇为主，重点生态功能为天然林保护、水土保持，发展以茶叶、林果、中药材、肉牛、肉猪、野猪为主的生态农业，建设以林业和养殖业为主的产业带；“西翼”以甲良镇和小七孔镇部分地区为主，为中丘河谷低中山岩溶区，主要生态功能为农田保护和提供农产品，发展以粮食、辣椒、烤烟、茶叶、果蔬、畜牧业为主的生态农业。

“一环”，以世界遗产精品旅游环线为基础的现代农业示范园区，包括茂兰镇、黎明关水族乡、瑶山瑶族乡、小七孔镇、甲良镇以及玉屏街道，重点生态服务功能为天然林保护、水土保持，主要发展包括各类精品果园、优质中药材种植园、桑蚕养殖业、优质蔬菜种植园、特色养殖等的现代高效农业和休闲观光农业，构建以现代生态农业园为主的产业带。

（三）生态安全格局

根据特殊的地质构造背景、水系发育特征及发展分区，构建以“两屏三带”为主体的生态安全战略格局(图 5-5)。构建以水利—驾欧低中山和水尧—翁昂低中山生态屏障以及地莪大河、樟江和三岔河河流生态保护带为骨架，以交通沿线、河湖绿化带为网络，以世界遗产地、自然保护区、风景名胜区、重要水源地等为重要组成的生态安全战略格局，构筑功能较为完善的珠江上游区域性生态屏障。

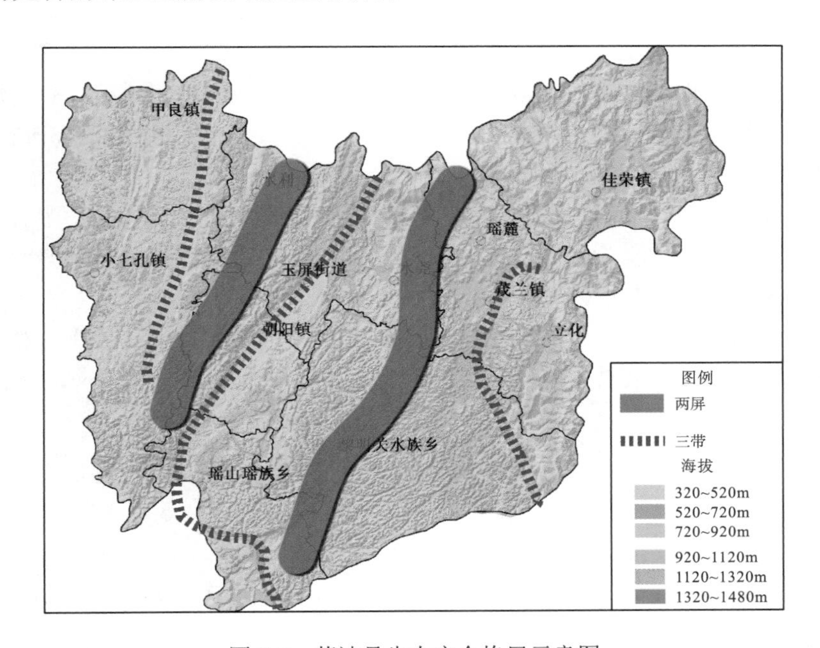

图 5-5　荔波县生态安全格局示意图

水利—驾欧低中山生态屏障位于拉打、水将、水丰一带，加强植被修复，增强珠江上游防护林体系建设，发挥涵养水源和调节气候的作用。加强石漠化综合治理，遏制石漠化蔓延，增强区域水土保持能力，发展生态旅游，切实推进区域可持续发展。

水尧—翁昂低中山生态屏障位于水功、德门、平岩一带，重点加强天然植被的保护，加强水土流失防治。持续发挥生态屏障的涵养水源、改良土壤、重点保护好森林资源和生物多样性等生态功能。

河流生态保护带，重点加强水土流失防治和水污染治理，加强石漠化综合治理和水环境综合治理，保护珠江上游重要河段和湖泊等重要湿地，增强水体功能。

第四节 典型喀斯特地区生态综合补偿探索

为贯彻落实党中央、国务院的决策部署，《国家发展改革委关于印发〈生态综合补偿试点方案〉的通知》（发改振兴〔2019〕1793 号）决定开展生态综合补偿试点，进一步健全生态保护补偿机制，提高生态补偿资金使用效益。贵州省根据文件要求和自身情况决定在国家重点生态功能区范围内，优先选择集中连片特困地区和生态保护补偿工作基础较好的地区，组织开展生态综合补偿试点申报。荔波县生态地位重要，生态系统脆弱，长期以来在林业保护、生态移民、生态补偿、生态示范县建设、国家重点生态功能区建设等多个方面具有丰富的试点经验，工作基础扎实，工作成效显著，最终获批为贵州省生态综合补偿试点示范县。荔波县委、县政府一直坚持“生态立县”原则，在石漠化治理、水土流失治理、饮用水源地保护、水质监测体系建设、植树造林、生态扶贫、生态旅游、公益林补偿、湿地和生物多样性保护等方面取得显著成效，但也同样面临着挑战。补偿资金来源渠道和补偿方式单一，补偿标准争议大，补偿范围覆盖面窄，补偿相关体制机制不健全等问题仍需在后续的试点工作中进行探索。

积极探索拓宽生态综合补偿资金筹集渠道，提升补偿资金使用效益；生态旅游、生态农业、生态加工业等产业稳步发展，地区产业能够形成一定支撑，生态保护地区造血能力得到增强；地区综合生态补偿的规模和空间覆盖面不断扩大，在区域性生态环境保护和区域协调发展中的效应开始显现；生态保护者的主动参与度明显提升；区域生态产品供给能力增强；探索形成符合荔波县生态功能定位，与地方经济发展水平相适应的生态综合补偿机制体系。

一、总体思路

以习近平新时代中国特色社会主义思想为指导，全面贯彻党的二十大精神，牢固树立“绿水青山就是金山银山”的理念，以保护生态环境、促进人与自然和谐发展为目的，以完善生态保护补偿机制为重点，以提高生态补偿资金使用整体效益为核心，创新生态补偿资金使用方式，拓宽资金筹集渠道，调动各方参与生态保护的积极性，转变生态保护地区的发展方式，增强自我发展能力，提升优质生态产品的供给能力，推动相关生态综合补偿政策法规的制定和完善，为全面建立生态综合补偿机制奠定基础。

二、基本原则

(1)政府主导，社会参与。发挥政府对生态环境保护的主导作用，加强制度建设，完善法规政策，创新体制机制，拓宽补偿渠道，通过经济、法律等手段，加大政府购买服务力度，通过政府资金的引导，鼓励社会资本积极参与。

(2)改革创新，提升效益。从荔波实际出发，因地制宜、自主创新、积极探索，破除现有的体制机制障碍，加快形成灵活多样、操作性强、切实有效的补偿方式。加强制度设计，完善配套政策，优化生态补偿资金的使用，实现由“输血式”补偿向“造血式”补偿转变。

(3)突出重点，稳妥推进。按照“先易后难、重点突破、试点先行、稳妥推进”的要求，重点抓好森林生态效益补偿、流域上下游生态补偿、生态产业发展、区域生态综合补偿机制的建立健全等方面，由此积累形成一批可复制、可推广的经验。

(4)压实责任，形成合力。加强统筹协调，明确各部门职责，及时解决突出问题，把试点工作的各项任务落到实处。引导企业、公众、社会组织积极参与试点工作，充分发挥各方优势，形成全社会协调推进生态保护的良好氛围。

三、试点任务

(一)创新森林生态效益补偿制度

1. 加强森林生态保护与建设

为保护森林资源，荔波县发布了《关于保护森林资源建立生态县公园县的通告》，明确规定要保护好樟江风景名胜区和喀斯特森林保护区，坚持“预防为主、保护优先、防治结合”的原则，实现有效保护生态公益林的同时，加大造林力度，适当培育精品用材林，提高森林质量的同时增加林木价值。

2. 提升森林资源安全管护服务

严格落实政府领导责任、属地管理责任、部门监管责任，夯实森林经营单位主体责任，明确责任区和责任人，把森林防火责任落实到人、落实到山头地块。着力提升森林火灾防范能力、应急处理能力、科技支撑能力，新建森林防火指挥中心和自动监测系统，确保全县不发生特大和重大森林火灾，林火发生预测预报准确率、火情监测覆盖率和通信覆盖率达 90%以上。新建 50 座电子眼护林防火监控瞭望塔；生态红线区域自动监测系统，森林和湿地监视监测系统；成立森林防火指挥中心，占地面积为 1200m^2，建设林火视频监控系统 15 套，森林资源监测地理信息系统等。

3. 提高生态效益补偿资金使用效率

将国家级和省级公益林的补偿政策进行“三统一”，国家级公益林和省级公益林实行统一的森林生态效益补偿标准，执行统一的资金管理办法，并由县级林业主管部门组建统一管护体系进行管护，切实将公益林的管护工作落实到位，进一步强化公益林政策的实施效果。明确管护费用支出的标准和范围，进一步体现林业部门在公益林保护和管理中事权与财权的统一性。其中，公共管护支出主要用于开展公益林资源定期调查和动态监测及档案建立、林区道路建设等；管护补助支出主要用于辖区内跨县域、重点部位公益林联防联控和保护管理等开支。其他费用还有护林员管护劳务费、管护人员培训、公益林补植补造和抚育、自然保护区科普宣传和公益林火灾预防与扑救等支出，切实保证森林生态效益补偿政策的实施成效。

（二）推进建立流域上下游生态补偿制度

1. 加强集中式饮用水水源地生态补偿

新建一批骨干水源工程，开展集中式饮用水源保护区划定和呈报，实施集中式饮用水源地环境基础设施建设，提高供水保障和饮用水安全保障。对县域重点集中式饮用水水源地实施达标治理，初步建成重要饮用水水源地安全保障体系。在重点集中式饮用水水源地和水环境修复整治区，对区域内居民实行生态补偿，可根据环境对居民的影响程度或居民所处的环境重要性程度来制定分级补偿标准。建立健全集中式饮用水水源地激励机制，设立专项资金，加快对改善水生态环境保护与治理的补偿。

2. 探索实行河流上下游生态补偿

围绕节水型社会建设的需要实行计划用水制度，对纳入取水许可管理或年使用公共供水水量 50 万 m^3 以上用水户下达取水计划。继续加强水质监测，合理布局水资源保护监测站网、按照《水环境监测规范》及其他相关规范、标准的要求设置监测参数、监测频次等。在有条件的实验室适当增加《污水综合排放标准》（GB 8978—1996）、《城镇污水处理厂污染物排放标准》（GB 18918—2002）和《污水排入城镇下水道水质标准》（GB/T 31692—2015）等标准中规定的其他监测项目。建立水功能区水质达标评价体系，加快制定水资源有偿使用制度，积极推进水权制度改革，设立专项资金用于重点河流治理、河流交接断面水质控制。

争取中央和省的支持，探索建立荔波与广西的跨省域流域生态补偿机制。以交界断面水质监测为依据，即跨界水质监测断面达到或优于地表水III类水质标准，广西向荔波缴纳生态补偿资金，反之则由上游的荔波县向广西缴纳生态补偿资金。通过实施生态补偿，极大地调动了上游地区强化生态环境的积极性和主动性。

3. 积极建立联防共治机制

州级层面统筹协调荔波、三都、独山等县在重点河流开展水源涵养建设、水土流失防治、河道清淤疏浚等，建立联防共治机制，流域上下游地区建立联席会议制度，按照流域水资源统一管理要求，协商推进流域生态环境保护与治理，联合查处跨界违法行为，建立重大工程项目环评共商、环境污染应急联防机制。流域上游地区有效开展农村环境综合整治、水源涵养建设和水土流失防治，加强工业点源污染防治，实施河道清淤疏浚等工程措施。流域下游地区也应当积极推动本行政区域内的生态环境保护和治理，并对上游地区开展的流域保护治理工作、补偿资金使用等进行监督。

（三）大力发展生态特色产业

1. 促进生态农业实现集约化、品牌化发展

一是打造农业产业化坝区。按照“一坝一策、一坝一企、一坝一专班”的要求，全面启动全县坝区农业产业结构调整，引导新型经营主体适应市场需求，适度扩大规模经营，以规模化促进标准化、标准化推动规模化，提升坝区农产品知名度、美誉度和市场竞争力。

二是大力发展现代山地特色农业。继续建立“1+5+N”产业体系，围绕优良品种，重点打造桑蚕、精品水果、青梅、蔬菜、中药材、瑶山鸡、佳荣牛、冷水鱼等山地特色农产品，加快培育荔波品牌。三是推动农业产业园区建设。依托旅游产业，以现代农业科技为引领，以精品水果产业基地为支撑，建设具有荔波特色的现代农业示范园区，即荔波樟江精品水果及休闲观光农业示范园区。围绕提升品牌影响力，深入推进市场建设和品牌宣传，着力构建市场专业营销平台，重点推介绿色食品、有机农产品、地理标志农产品与市场对接，推动形成良好的市场效应。

2. 助力生态旅游产业升级

以打造贵州旅游新标杆和综合旅游目的地为引领，“旅游九大工程”为抓手，打造“五型荔波”为目标，奋力推动荔波全域旅游发展。一是提质重点景区打造“精品旅游”。把精品旅游景区的打造作为荔波旅游提质增效的突破口，推动荔波旅游迈向中高端。以大小七孔景区作为龙头带动，按照5A级景区标准规划打造“大茂兰”景区、提质升级水春河景区，按照4A级景区标准打造月亮山景区，抢占月亮山旅游品牌，开发打造观音峰、捞村峡谷等新景区景点，全面经营释放寨票民宿、大土乡村旅游等7个3A级景区旅游效益；加强世界自然遗产地和茂兰保护区自然资源保护力度，有序推进茂兰保护区信息化建设，实现现代化、网络化、智能化“三化一体”的高科技信息管理，擦亮“纯净山水 • 心上荔波”精品旅游品牌。二是丰富旅游业态打造“大众旅游”。以“旅游+”理念打造多样化旅游，推动文旅、体旅、农旅、康养等“旅游+”深度融合，丰富徒步探险旅游、节会旅游等新兴业态。加大旅游商品开发提质力度，创出荔波旅游商品品牌。挖掘提升荔波红色文化内涵，丰富荔波经典文化旅游线路。加快启动山地体育品牌建设，持续办好大美黔秀“车技坊”表演项目，奋力将荔波打造成为全国户外运动体育基地。三是强化精准营销打造“品牌旅游”。制定完善旅游营销宣传方案，精心策划客源地、节会等精准营销活动，逐步建立政府主导、企业联手、全民参与、媒体跟进的“四位一体”营销机制。加强与省内外重点景区以及黔桂两省(区)两州(市)七县等兄弟县市的联盟，打造以荔波为中心辐射联通省内外的跨区域精品游线。持续办好荔波喀斯特马拉松赛等有影响力的节会赛事，继续放大“纯净山水 • 心上荔波”品牌效应。四是提升服务质量打造“满意旅游”。抓实旅游服务质量提升三年行动计划和县委常委包保旅游“十二要素”配套服务提升工程，深入推进“明码实价 • 诚信荔波”体系建设，完善运营好智慧旅游平台，推动电子化售票全覆盖。继续推进和完善网格化管理，提升景区服务质量。五是抓牢抓实旅游安全打造“放心旅游”。建立完善旅游安全联合监察长效机制，形成“政府统一领导，部门依法监管，企业全面负责，群众参与监督，社会广泛支持”的旅游安全工作格局。六是继续谋划实施打造“智慧旅游”。打造从旅游场景出发逐步覆盖城市生活消费场景，形成吃住行游购娱及城市生活为一体的资源聚合、产业互联的数字生态，打造黔南首个智慧城市。

3. 大力推动生态加工业发展

一是打造生态特色食品。荔波生态食品特色产业规模一直较小，缺乏品牌。重点打造的生态食品特色产业主要是青梅系列产品、粮油产品、果蔬系列产品、肉类制品和饮用水。二是健康医药助推产业带动。鉴于目前荔波尚未有成熟的医药产业，可在全县范围内重点扶持发展5家铁皮石斛种植加工企业(其中国家级龙头企业1家)、12家专业种植合作社，以龙头企业带动助推荔波健康医药产业发展。三是桑蚕产业稳定发展。荔波县桑蚕业的加工环节主要依靠贵州绿宝石丝绸有限公司，该企业生产能力和规模较为稳定，充分利用已建成的18条生产线、400t/a白厂丝的产能，带动全县桑蚕种养业稳定发展。

(四)推动生态保护补偿工作制度化

1. 厘清生态补偿主客体关系与资金筹集渠道

出台健全生态保护补偿机制的地方性办法、条例，明确总体思路和基本原则，厘清生态保护补偿政府、企业、公民与社会组织等主体和水土保持与石漠化治理、流域生态环境保护、湿地保护、生态功能区与禁止开发区保护等客体的权利义务关系，明确补偿对象，规范生态补偿标准和补偿方式。探索采取中央争取一块，各级政府安排一块，各方面资金整合一块，州、县筹集一块，争取社会捐赠支持一块的“五个一块”方式筹措生态综合补偿资金。

2. 探索多元化补偿方式

灵活采用政策补偿、实物补偿、资金补偿、项目补偿、教育补偿、技术补偿、生态移民等多种方式。政策补偿方面，争取由中央和省政府通过制定各项优先权和优惠待遇的政策，如税收优惠、提供优惠贷款等以促进生态补偿的顺利进行；实物补偿，解决受补偿对象的生产资料和生活资料问题，补偿者给予被补偿者一定的实物补偿，有利于改善被补偿者的生活状况，增强其生产能力。教育补偿，对被补偿者进行免费的教育培训，如培训专门的技术或管理人员，增强其自身造血能力；生态移民，争取省政府引导，荔波县政府统筹管理生态移民就业、培训和社会保障工作，并且保证移民安置地基本住房用地和农耕用地需求，制订工作计划和实施方案，做好各级政府、企业、培训学校和劳务基地等主体之间的衔接，积极组织生态移民接受职业技能培训，参加城乡居民基本养老保险、城乡居民医疗保险等社会保险。移民迁入地相关部门确立以生态移民就业稳定率、劳动合同签订率、社会保险参保率作为工作考核指标，建立责任追究制度，为生态移民享受良好的生计条件提供必要的制度保障。

3. 研究制定生态补偿绩效考核办法

试点实施期间，各乡镇、各有关部门要严格执行生态补偿范围和具体补偿政策及补偿标准，及时跟踪了解和掌握政策执行情况，加强政策执行实际效益的评估。建立生态环境监测与评估及生态补偿资金使用绩效考评制度，生态综合补偿试点工作领导小组根据生态环境监测与考评、生态补偿资金使用、管理的绩效评价结果等，制订激励约束奖惩措施，结合现有生态补偿政策，研究制订完善生态补偿绩效考核办法。

四、保障措施

（一）政策措施

(1) 完善生态补偿资金的绩效考评机制。完善荔波县各级政府生态补偿资金使用绩效考核办法。通过考核，一方面，要提高各级政府加强环境保护和生态建设的责任心和紧迫感；另一方面，要提高山区和源头地区政府加强生态环境保护的主动性和积极性，降低经济发展压力；特别是通过考核建立奖罚机制，对降低资源消耗、减少污染物排放、改善环境质量的地区，给予相应的奖励，反之则按不同程度收取相应的罚金，倒逼和激励各地加大生态建设和环境保护力度。要加强生态补偿资金使用管理，督促相关地区把资金真正用在保护山区生态环境、改善基础设施条件、发展绿色特色产业、提升基本公共服务水平、改善群众生活等方面，切实提高资金使用绩效。

(2) 完善生态补偿可持续融资机制。为了保证生态保护补偿资金的使用效率、生态保护项目的可持续性，需要发挥绿色金融的“造血功能”，推动形成生态补偿可持续融资机制不断完善。争取省级层面政策支持、技术帮扶等措施，引导银行业金融机构降低准入门槛，简化审批程序，创新绿色信贷产品，扩大信贷规模。引导各类金融机构根据不同生态保护项目的风险等级等要素，研究以特定生态保护项目为目标的绿色证券、绿色国债等多元化、差异化的绿色金融产品序列，设立绿色企业股权融资和发展相关投资产品，探索排污权、碳排放权、水权、碳汇和购买服务协议抵押等担保贷款业务。从国家和省级层面鼓励推动有条件的生态保护区创设土地银行、森林银行等专业化生态银行。鼓励保险机构联合金融机构、非金融机构和公益组织，创新开发环境污染责任保险、森林保险等绿色生态相关险种，逐步在生态环境高敏感与高风险领域建立强制责任保险制度。

(3) 建立政府主导的生态补偿平台机构。争取中央和省级政府支持、协调和指导，积极在生态文明建设背景下探索建立政府主导，自然资源、林业、水利、环保等相关部门运作的专业化生态补偿平台机构，探索制定适合本区域生态补偿资金的使用细则和操作流程，建立综合的生态补偿基金与专项资金渠道，创新生态补偿资金整合和使用方式，根据实施部门和补偿对象的不同，设立不同的账户分别进行管理，制定资金使用年度计划或方案，实行项目化管理，提高资金使用的科学化、规范化和精细化水平。在下一步生态补偿平台功能与运作方式完善时强化与生态监测、产业扶贫、公共交易等平台和网络有效链接，引导企业、个体等其他市场主体进入，将生态保护者和生态受益者高效地对接，实现生态补偿资金的市场化转移，实现“绿水青山”到“金山银山”的价值转换。

(4) 加快推进生态系统基础监测能力建设。生态系统基础监测能力是生态产品价值实现、生态产品溢价和生态补偿工作开展的必要保障。加快推进基础监测能力建设，充分发挥地面生态系统，环境、气象、水文水资源、水土保持等监测站点和卫星的生态监测能力，运用云计算、物联网等信息化手段，建立健全遥感和地面调查相结合的一体化生态系统监测体系，对区域生态系统状况进行全面监测、分析和评估，加强监测数据集成分析和综合应用，为不同生态补偿对象的补偿标准核算、补偿效益评价，以及生态补偿工作开展绩效评估提供兼具科学性、动态性和可操作性的有力支撑和重要度量。

（二）组织保障

⑴强化组织领导。设立荔波县生态综合补偿试点工作领导小组，由县委副书记、县长任组长，常务副县长任常务副组长，主管副县长任副组长，县有关职能部门负责人为成员的，负责全县生态综合补偿试点工作的组织领导，统筹协调解决试点过程中的重大问题。荔波县生态综合补偿试点工作领导小组办公室为常设性机构，同时建立一个由相关领域专家组成的技术咨询委员会，负责相关政策和技术咨询。此外，因人事变动和工作需要，荔波县人民政府关于《调整生态保护与建设示范区工作领导小组》的通知(荔府〔2019〕22号)，对生态保护与建设示范区工作领导小组成员做出调整，更好地配合生态综合补偿试点示范工作，也更加能保障生态环境保护工作的开展。

⑵狠抓责任落实。统一思想，提高认识，结合实际情况，制定具体实施方案，把建立健全生态保护补偿机制列入重要议事日程，加强组织领导和统筹协调，明确目标任务，制定科学合理的考核评价体系，组织开展政策实施效果评估，实行补偿资金与考核结果挂钩的奖惩制度，强化对各项任务的统筹推进和落实，解决生态保护补偿机制建设中的重大问题，及时总结试点情况，提炼可复制可推广的试点经验。

⑶提升科技支撑。生态补偿机制的建立是一项复杂而长期的系统工程，资源有偿使用与生态补偿机制建立尚处于探索阶段。加强与高校、科研院所的合作交流，利用高校与科研院所技术、人才、科研成果上的优势，加强对补偿标准体系等关键技术的研究，如生态系统服务功能的物质量和价值的核算，生态系统服务与生态补偿的衔接，生态补偿的对象、标准、方式与途径等。充分发挥科技支撑在生态补偿工作开展中的重要引领作用，积极推进生态补偿机制的建立和相关政策措施的完善。

⑷加强宣传引导。通过建立内宣和外宣两种机制，内宣政策，外宣形象。一边宣讲政府和相关部门的生态综合补偿政策，一边宣讲荔波县在生态综合补偿方面取得的成果以及做出的贡献。此外，加强生态保护补偿的政策解读和宣传教育，依托现代信息技术，通过典型示范、展览展示、经验交流等形式，充分发挥新闻媒体言论导向和监督作用，引导全社会树立生态产品有价、保护生态人人有责的意识，抵制无视生态保护、损害生态环境的不良行为，营造珍惜环境、保护生态的浓厚社会氛围。

⑸完善目标考核。根据荔波县生态综合补偿试点方案设定的目标和任务，按照责任到部门、到人的要求，由生态补偿工作领导小组兼顾考核工作，制定切实可行的考核方案。按照定性考核和定量考核相结合原则，在预定的期限对照目标任务开展荔波县生态综合补偿试点工作绩效目标考核，将其纳入全县年度目标考核体系，为后期生态综合补偿深入开展提供参考依据和试验模板。

第六章　喀斯特地区生态保护红线划定探索

第一节　喀斯特地区生态保护红线建设背景

一、生态保护红线建设背景

《国务院关于加强环境保护重点工作的意见》（国发〔2011〕35 号），首次明确提出划定生态保护红线并实行永久保护。《中华人民共和国环境保护法》规定，国家在重点生态功能区、生态环境敏感区和脆弱区等区域划定生态保护红线，实施严格保护。2013 年 5 月，中共中央总书记习近平在中共中央政治局第六次集体学习时强调，要划定并严守生态保护红线，牢固树立生态保护红线的观念。

2013 年 11 月，中共十八届三中全会把划定生态保护红线作为改革生态环境保护管理体制、推进生态文明制度建设最重要、最优先的任务，并在《中共中央国务院关于加快推进生态文明建设的意见》中着重强调。习近平在听取贵州省工作汇报时明确提出，贵州要守住发展和生态两条底线，正确处理好生态环境保护和发展的关系，把发展与生态统筹起来，这为贵州的发展指明了方向。

2015 年 5 月，为贯彻落实《中华人民共和国环境保护法》、《中共中央关于全面深化改革若干重大问题的决定》和《国务院关于加强环境保护重点工作的意见》的要求，环境保护部在《国家生态保护红线—生态功能红线划定技术指南（试行）》（环发〔2014〕10 号）的基础上，经过一年的试点试用、地方和专家反馈、技术论证，形成《生态保护红线划定技术指南》（环发〔2015〕56 号），以指导全国生态保护红线划定工作。

2016 年 11 月 1 日，习近平主持的中央全面深化改革领导小组第二十九次会议审议通过了《关于划定并严守生态保护红线的若干意见》，意见要求在 2017 年年底前，长江经济带沿线各省（市）完成生态保护红线划定工作，已划定的要做出调整。

2017 年 2 月，中共中央办公厅、国务院办公厅印发了《关于划定并严守生态保护红线的若干意见》，明确提出要紧紧围绕统筹推进“五位一体”总体布局和协调推进“四个全面”战略布局，牢固树立新发展理念，认真落实党中央、国务院决策部署，以改善生态环境质量为核心，以保障和维护生态功能为主线，按照山水林田湖系统保护的要求，划定并严守生态保护红线，实现一条红线管控重要生态空间，确保生态功能不降低、面积不减少、性质不改变，维护国家生态安全，促进经济社会可持续发展。

2017 年 5 月，环境保护部与国家发展和改革委员会共同组织编制了《生态保护红线划定技术指南》（环办生态〔2017〕48 号），各地陆续开展了生态保护红线的划定工作。

2019 年 8 月，为指导全国生态保护红线勘界定标工作，促进生态保护红线落地并实施严格管护，生态环境部制定了《生态保护红线勘界定标技术规程》(环办生态〔2019〕49号)。

2019年11月，中共中央办公厅、国务院办公厅印发《关于在国土空间规划中统筹划定落实三条控制线的指导意见》，是生态保护红线划定工作的纲领性文件，是各地协调边界矛盾的基本遵循。

可见，生态保护红线提出后，其受关注程度和重要地位不断上升，划定生态保护红线已经不仅仅是生态保护领域的重点工作，更是生态文明制度建设的关键内容，成为国家生态安全和经济社会可持续发展的基础性保障。

二、贵州省生态保护红线工作历程

为深入贯彻落实党的十八大、十八届三中全会、《中共中央国务院关于加快推进生态文明建设的意见》(中发〔2015〕12号)和贵州省委十一届四次全会精神，树立尊重自然，保护自然的生态文明理念，坚守保护优先、绿色发展的底线，贵州省委办公厅和贵州省人民政府办公厅出台《贵州省生态红线划定工作方案》，在全省划定生态保护红线并制定管控措施，要求全省生态保护红线保护区域面积占全省面积30%以上。

2015年4月，为加强贵州省生态保护红线管理，保障国家和区域生态安全，推进贵州省生态文明建设，牢牢守住发展和生态两条底线，贵州省发展和改革委员会组织开展了“划定贵州省生态保护红线与制定贵州省生态保护红线管理办法”研究工作，完成了《贵州省生态保护红线划定工作方案》(黔委厅字〔2015〕57号)和《贵州省生态保护红线管理暂行办法》(黔府发〔2016〕32号)，提出贵州省生态优先、绿色发展新路。

2017年3月，根据中央全面深化改革领导小组第二十九次会议审议通过的《关于划定并严守生态保护红线的若干意见》要求，贵州省启动了生态保护红线划定工作。12月，贵州省国土资源厅(现贵州省自然资源厅)对全省推进生态保护红线划定工作做出安排部署，重点对做好生态保护红线划定工作与矿产资源勘查开发、土地利用总体规划、永久基本农田保护的衔接提出明确要求。

2018年6月，贵州省人民政府发布实施了贵州省生态保护红线(黔府发〔2018〕16号)。后期，按照《国家生态文明试验区(贵州)实施方案》的要求，贵州省生态保护红线的划定及优化空间布局调整工作有序开展。

2020年3月，贵州省自然资源厅部署生态保护红线评估调整推进工作，要求充分认识生态保护红线评估调整工作的重大意义，按照“五步工作法”，精心组织、加快推进评估工作，确保按时保质完成工作任务。2020年4月，为确保按期、保质完成生态保护红线评估工作，有效衔接三条控制线划定，有力支撑全省国土空间规划体系建设，贵州省开展生态保护红线评估工作“百日攻坚”行动，制定了《贵州省生态保护红线评估工作“百日攻坚”行动计划》。

2022年8月，为统筹开展贵州省永久基本农田、生态保护红线、城镇开发边界划定，确保按期高质量完成工作任务，夯实全省国土空间规划编制工作基础，贵州省国土空间规划委员会印发《贵州省统筹划定“三区三线”工作方案》。统筹好发展和安全的关系，严格实行耕地保护党政同责，切实做到耕地粮食保护优先、生态空间全面管控、城镇开发护理有序，构建高质量发展的国土空间布局和支撑体系，为奋力开创百姓富、生态美的多彩贵州新未来奠定坚实基础。

第二节　典型喀斯特地区生态保护红线划定探索

良好的生态是贵州实现跨越发展的后发优势，在典型喀斯特地区——贵州进行生态保护红线划定探索，确保重要生态功能区域、重要生态系统、关键物种及其繁衍地、栖息地、集中连片优质的耕地资源以及石漠化生态敏感脆弱区得到有效保护，对于维护两江上游生态安全格局、保障生态系统功能、支撑经济社会可持续发展、推进生态文明先行示范区建设，牢牢守住生态与发展两条底线具有重要意义。

本书以《中共贵州省委十一届四次全会会议》和《省委、省政府关于推动绿色发展建议生态文明的意见》等作为依据，建立了贵州省第一版生态保护红线云GIS平台(2016)，指导完成了以流域为单元的六盘水市三岔河和南、北盘江三大流域生态保护红线，以及以荔波、三都等县域为单元的生态保护红线划定工作。研究成果为后续贵州省生态保护红线调整与优化一系列工作提供了依据与数据基础。

一、指导思想与划定原则、划定方法

(一)指导思想

加快建立国土空间开发保护制度，按照主体功能定位推动发展。控制开发强度，优化空间结构。树立底线思维，设定生态保护红线，在加快发展的同时，保持天蓝地绿水净气清。

(二)划定原则

(1)重要性原则。生态保护红线是区域生态安全的底线，以保护具有重要生态功能或生态环境敏感、脆弱的区域为目的。因此，生态保护红线划定首先应考虑区域的生态重要性。

(2)协调性原则。生态保护红线划定应与主体功能区规划、生态功能区划、土地利用总体规划等区划、规划，以及已有的各类生态保护用地边界相协调，与经济社会发展需求和当前监管能力相适应，预留适当的发展空间和环境容量空间，合理确定生态保护红线的面积规模。

(3)强制性原则。生态保护红线一经划定，必须严格管控。牢固树立生态底线观念，制定并执行严格的管理制度与措施。

(4)稳定性原则。生态保护红线一经划定，要保证保护面积不减少、保护性质不改变、生态功能不退化、管理要求不降低。

(5)动态性原则。生态保护红线划定之后并非永久不变，生态保护红线面积可随生态保护能力增强和生产力提高适当变化，当生态保护红线边界和阈值受外界环境的变迁而发生变化时，确需调整的，应依法依规进行。

(6) 系统性原则。生态保护红线划定是一项系统工程，应在不同区域范围内根据生态保护对象的功能与类型分别划定，通过空间叠加分析综合划定省级生态保护红线。

(7) 等级性原则。根据生态保护重要性及监管需求，生态红线实行分级划定，省级生态红线为县(市、区)一级生态红线划定提供指导。

(三) 划定方法及技术

1. 划定方法

生态保护红线划定工作采用实地调查、卫星影像调绘、GIS 空间分析与数据库构建等技术，主要包括：科学问题研究及方案确定→数据准备→实地调研→数据深加工→分析与评价→红线试划→红线衔接→统计汇总→专家论证→红线划定→制图建库→成果编制。

(1) 禁止开发区类。在进行区域生态环境重要性评价基础上，结合主体功能区规划中禁止开发区范围，确定生态保护红线禁止开发区类保护范围。

(2) 五千亩以上耕地大坝永久基本农田类。在区域耕地资源分析基础上，结合土地利用现状和总体规划，综合分析五千亩以上耕地坝区的勘察成果，划定耕地大坝类保护范围。

(3) 重要生态公益林类。在区域林地资源分析基础上，结合林地现状和保护利用规划，以及林业生态保护红线划定成果，基于生态重要性评估综合分析确定红线保护范围。

(4) 石漠化敏感区类。基于区域石漠化敏感性评估与分级结果，结合石漠化调查现状及综合治理的重点区域，最终确定生态保护红线石漠化敏感区类保护范围。

2. 划定技术

(1) 数据处理与分析。对区域范围内生态保护红线划定基础数据进行深加工，首先是对提供的栅格图像进行矢量化，转换为统一的平面坐标和投影坐标系统的矢量文件。其次通过 ArcGIS 聚合工具将相对集聚与邻近的图斑进行聚合，并去除最小上图图斑。区域生态保护红线划定空间比例尺为 1∶5 万，实际按 1∶1 万开展工作，确定最小上图图斑对应的实地面积为 $0.04km^2$。

(2) 空间分布与评价。基于 GIS 空间分析方法进行叠加分析，分析重叠区域，按重要性原则进行分级分类，在生态环境重要性评价基础上，对各级各类生态保护红线进行整体性与系统性评价与分析，最终确定流域生态保护红线空间分布。

(3) 专题图制作。采用 ArcMap 制图，具体要素内容及表达参考《省级主体功能区域划分技术规程》设计，图层包括行政区划界线、公路、铁路、河流、湖泊、水库等基础地理信息和各级各类生态保护红线信息。

(4) 数据库建设。依照国家数据库建设标准，标准化处理数据格式、坐标系统及投影，采用 ArcSDE 的数据库模型，在 ArcGIS Server 中建立生态保护红线数据库，通过局域网或 Internet 访问 ArcGIS Server，实现地理数据管理、制图、地理数据处理、发布服务等主要功能，详见图 6-1。

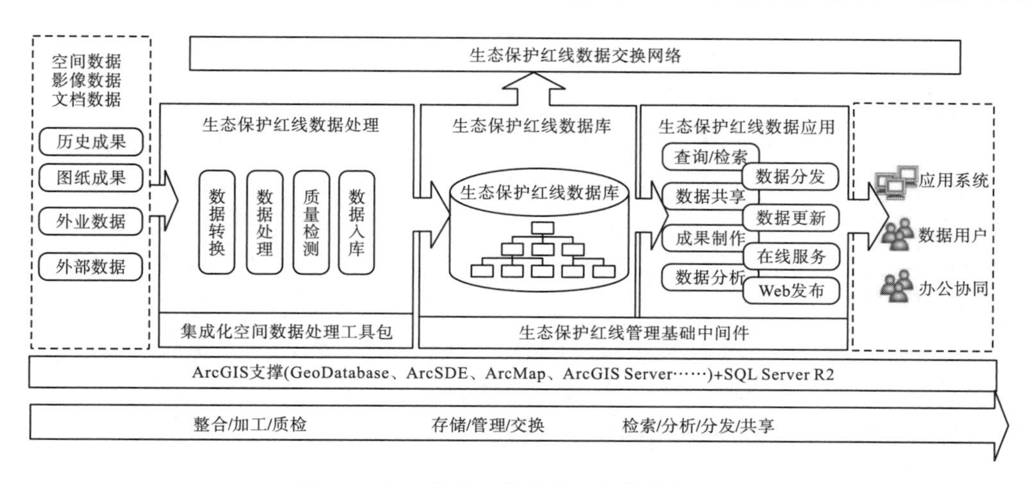

图 6-1　生态保护红线数据库架构技术流程

二、贵州省生态保护红线概述（2016 版）

贵州省生态保护红线（2016 版）由禁止开发区域、五千亩以上耕地大坝永久基本农田、重要生态公益林和石漠化敏感区四部分组成。保护范围包括世界自然遗产地、国家自然遗产地、国家自然与文化双遗产地，国家级、省级和市州级自然保护区，世界级、国家级和省级地质公园，国家级和省级风景名胜区，国家重要湿地，国家湿地公园，国家级和省级森林公园，千人以上集中式饮用水源保护区，国家级和省级水产种质资源保护区，五千亩以上耕地大坝永久基本农田，重要生态公益林和石漠化敏感区 12 类区域。截至 2016 年 3 月，保护面积（扣除重叠部分）为 56230.93km^2，占全省总面积的 31.92%。

三、贵州省生态保护红线分类（2016 版）

（一）禁止开发区类生态保护红线

禁止开发区是指有代表性的自然生态系统、珍稀濒危野生动植物物种的天然集中分布地、有特殊价值的自然遗迹所在地等，在国土空间开发中禁止进行工业化城镇化的生态地区。贵州省禁止开发区域分为国家和省级两个层面，包括自然文化遗产、风景名胜区、自然保护区、森林公园、地质公园、重点文物保护单位、重要水源地、重要湿地、湿地公园和水产种质资源保护区。本书将禁止开发区中的遗产地（不包括文化遗产地）、风景名胜区、自然保护区、地质公园、森林公园、国家重要湿地、国家湿地公园、千人以上集中式饮用水源保护区、水产种质资源保护区 9 种类型纳入生态保护红线范围。

(1) 遗产地类生态保护红线，主要包括世界自然遗产地、国家自然遗产地、国家自然和文化双遗产地三个部分，贵州省遗产地类生态保护红线总面积为 2430.14km^2。其中，世界自然遗产地 3 个，面积为 1286.75km^2；国家自然遗产地 4 个，面积为 624.59km^2；国家自然与文化双遗产地 1 个，面积为 518.80km^2。

(2) 风景名胜区类生态保护红线，主要包括国家级和省级风景名胜区两部分，贵州省风景名胜区类生态保护红线总面积为 8453.83km^2。其中，国家级风景名胜区 18 个，面积为 3416.10km^2；省级风景名胜区 53 个，面积为 5037.73km^2。

(3) 自然保护区类生态保护红线，主要包括国家级、省级、市州级自然保护区。贵州省自然保护区类生态保护红线总面积为 6395.39km^2。其中，国家级自然保护区 9 个，面积为 2593.54km^2；省级自然保护区 6 个，面积为 1049.33km^2；市州级自然保护区 16 个，面积为 2752.52km^2。

(4) 地质公园类生态保护红线，主要包括世界级、国家级与省级地质公园。贵州省地质公园类生态保护红线总面积为 2174.02km^2。其中，世界地质公园 1 个，面积为 170km^2；国家地质公园 9 个，面积为 1658.02km^2；省级地质公园 2 个，面积为 346.00km^2。

(5) 森林公园类生态保护红线，主要包括国家级森林公园和省级森林公园。贵州省森林公园类生态保护红线总面积为 2543.67km^2。其中，国家级森林公园 25 个，面积为 1606.94km^2；省级森林公园 32 个，面积为 936.73km^2。

(6) 国家重要湿地类生态保护红线，贵州省国家重要湿地有 2 个，面积为 151.8km^2。

(7) 国家湿地公园类生态保护红线，贵州省国家湿地公园有 36 个，面积为 585.81km^2。

(8) 千人以上集中式饮用水源保护区类生态保护红线，主要包括千人以上集中式饮用水水源保护区的一级保护区和二级保护区，贵州省共有千人以上集中式饮用水源保护区 1490 个，总面积为 4401.22km^2。其中，县城千人以上集中式饮用水源保护区 156 个，面积为 2064.44km^2；示范小城镇千人以上集中式饮用水源保护区 114 个，面积为 409.28km^2；建制乡（镇）千人以上集中式饮用水源保护区 1220 个，面积为 1927.50km^2。

(9) 水产种质资源保护区类生态保护红线，主要包括国家级水生生物自然保护区、国家级和省级水产种质资源保护区。贵州省水产种质资源保护区总面积为 135.81km^2。其中，国家级水生生物自然保护区 1 个，面积为 30.29km^2；国家级水产种质资源保护区 12 个，面积为 104.26km^2；省级水产种质资源保护区 2 个，面积为 1.26km^2。

（二）五千亩以上耕地大坝永久基本农田类生态保护红线

贵州省是典型的喀斯特山地省份，土地资源稀缺、总量少、质量不高，耕地大坝是具有代表性的农田生态系统、优质耕地资源的集中分布地区，亟待在国土空间开发中严格保护，维护其生态系统与耕地质量稳定。因此，将连片且具有一定规模耕地大坝中的永久基本农田纳入生态保护红线体系并严格保护，对保证土地资源生态安全、维护农田生态系统稳定、确保粮食供给具有重要意义。

在全省 165 个五千亩以上耕地大坝中共划定永久基本农田 882.20km^2，纳入生态保护红线区域严格管控，占全省总面积的 0.50%，其中 51 个万亩大坝中永久基本农田面积为 378.55km^2，114 个五千亩大坝中永久基本农田面积为 503.65km^2。

（三）重要生态公益林类生态保护红线

生态公益林指以生态效益和社会效益为主体功能，以提供公益性、社会性产品或者服务为主要利用方向，并依据国家规定和有关标准划定的森林、林木和林地，包括防护林和特种用途林。生态公益林在保护和改善人类生存环境、维持生态平衡、保存物种资源、科学实验、森林旅游、国土安全方面发挥着重要功能。

贵州省国家级生态公益林均位于生态地位非常重要和生态环境非常脆弱的重点保护区域，将全省国家级生态公益林作为重要生态公益林纳入生态保护红线区域，国家级生态公益林面积为34271.79km^2，占全省总面积的19.45%。

（四）石漠化敏感区类生态保护红线

石漠化敏感性是指在自然状况下土地发生石漠化可能性的大小，依据《生态红线划定技术指南》开展石漠化敏感性评价，结合贵州省实际，将碳酸盐岩出露面积≥70%、坡度角≥25°以及植被覆盖度≤20%的石漠化敏感区域划入生态保护红线，面积为6934.91km^2，占全省面积的3.94%。

四、贵州省重点生态功能区生态保护红线分布

依据《贵州省主体功能区规划》，贵州省重点生态功能区共包括威宁、罗甸、赤水等22个县级行政单元，区域总面积为50798.90km^2，是保障生态安全，维护并提高生态产品供给能力的重要区域。重点生态功能区生态保护红线总面积为17194.47km^2，占贵州省生态红线面积的30.62%，占贵州省总面积的9.76%（表6-1）。

表6-1　贵州省重点生态功能区生态保护红线分类统计表

生态保护红线类型	生态保护红线面积/km^2	占重点生态功能区面积比例/%	占贵州省生态保护红线面积比例/%
遗产地类	1871.28	3.68	3.33
风景名胜区类	2264.9	4.46	4.03
自然保护区类	2159.08	4.25	3.84
地质公园类	536.51	1.06	0.96
森林公园类	741.02	1.46	1.32
国家重要湿地类	96	0.19	0.17
国家湿地公园类	131.85	0.26	0.23
千人以上集中式饮用水源地保护区类	777.01	1.53	1.38
水产种质资源保护区类	60.03	0.12	0.11
五千亩以上耕地大坝永久基本农田类	145.91	0.29	0.26
重要生态公益林类	11817.73	23.26	21.04
石漠化敏感区类	1502.26	2.96	2.68
总计（扣除重叠部分）	17194.47	33.85	30.62

第三节　典型喀斯特流域生态保护红线划定探索

选择六盘水市三岔河、南盘江、北盘江三大流域进行生态保护红线划定探索，结合流域自然地理环境，科学识别生态保护地的重点区域及保护类别，确定生态保护红线划定的

重点范围，保障“三大流域”生态系统功能、维护其生态安全格局，为推进生态文明先行示范区建设，支持区域经济社会可持续发展提供生态支撑。

一、生态保护现状与存在问题

经过多年的生态保护工程建设，流域内的生态环境已取得较为明显的成效，但生态环境保护与社会经济发展的矛盾也日渐凸显。六盘水市作为“两江”上游重要的生态屏障，生态区位十分重要。随着生态保护与环境建设工程的深入实施，遵循“把生态做成产业，把产业做成生态”的理念，在生态建设、文明创建中，实现了生态价值最大化、经济价值最大化、社会价值最大化、旅游价值最大化“四个最大化”。坚持“绿水青山就是金山银山”的理念，以“绿色贵州三年行动计划”为契机，开展大规模植树造林、封山育林和退耕还林，森林覆盖率达 53.94%，完善的“三大流域”区域性生态屏障格局已初步形成。水土流失与石漠化治理生态工程不断推进，生态环境得到明显改善，退化土地的扩张态势得到有效遏制。区域生态环境质量保持稳定，绿色矿山建设格局初步形成。区域生态环境状况依然十分脆弱，生态承载力与经济增长需求不适应等问题仍比较突出。随着人口总量持续增长、经济快速发展，能源资源消耗水平不断增大，对生态环境保护的压力将不断增大，资源环境约束的影响将不断加大，加快发展的诉求与生态环境保护之间的矛盾将逐渐尖锐。如何协调二者的关系，促进经济与生态的互动发展，破解经济发展与生态良性循环的难题还有很长一段路要走。

二、划定类型

六盘水市三岔河、南盘江、北盘江三大流域生态保护红线区域均是具有代表性的自然生态系统、优质耕地、林地资源及石漠化敏感区。主要包括以下几种类型。

(1) 禁止开发区类。主要包括省级风景名胜区，市级和县级自然保护区，国家级地质公园，国家级和省级森林公园，国家、省级湿地公园和其他重要湿地，千人以上集中式饮用水源保护区 6 类区域。

(2) 五千亩以上耕地大坝永久基本农田类。五千亩以上耕地大坝为优质集中连片耕地资源，必须严格实施永久保护，纳入生态保护红线，确保耕地数量不下降、质量不降低。

(3) 重要生态公益林类。生态公益林对国土生态安全、生物多样性保护和经济社会可持续发展具有重要作用，六盘水市国家级生态公益林区大多位于生态区位极为重要或生态状况极为脆弱的区域，必须严格保护，确保其生态功能不降低。

(4) 石漠化敏感区类。针对石漠化区域生态敏感性特征，开展石漠化生态敏感性评价与等级划分，将石漠化敏感区域纳入生态保护红线范围。

三、生态保护红线分布

六盘水市三岔河、南盘江、北盘江三大流域生态保护红线由禁止开发区域、五千亩以上耕地大坝永久基本农田、重要生态公益林和石漠化敏感区四部分组成。保护范围主要包括风景名胜区、自然保护区、地质公园、森林公园、国家湿地公园、千人以上集中式饮用水源保护区、五千亩以上耕地大坝永久基本农田、国家重要生态公益林和石漠化敏感区9类区域以及其他亟待纳入保护范围的区域。

(一)生态保护红线类型划分

1. 禁止开发区类生态保护红线

六盘水市禁止开发区域分为国家级、省级、市州级和县级四个层面，包括风景名胜区、自然保护区、森林公园、地质公园、重要水源地和湿地公园，研究将六盘水市禁止开发区中的风景名胜区、自然保护区、地质公园、森林公园、国家湿地公园、千人以上集中式饮用水源保护区六种类型纳入生态保护红线范围。

(1)风景名胜区类生态保护红线，主要为5个省级风景名胜区，生态保护红线总面积为548km^2。

(2)自然保护区类生态保护红线，主要为市州级和县级自然保护区，总面积为28.44km^2。市州级自然保护区1个，面积为26.74km^2，县级自然保护区1个，面积为1.7km^2。

(3)地质公园类生态保护红线，主要为国家级地质公园。国家级地质公园1个，地质公园类生态保护红线总面积为341.19km^2。

(4)森林公园类生态保护红线，主要包括国家级森林公园和省级森林公园。森林公园类生态保护红线总面积为143.85km^2，其中国家级森林公园3个，面积为100.20km^2；省级森林公园4个，面积为43.65km^2。

(5)国家湿地公园类生态保护红线，国家湿地公园有3个，国家湿地公园类生态保护红线总面积为63.93km^2。

(6)千人以上集中式饮用水源保护区类生态保护红线，主要包括千人以上集中式饮用水源保护区的一级保护区和二级保护区，共有千人以上集中式饮用水源保护区64个，总面积为194.94km^2，其中，县城及以上集中式饮用水源保护区6个，面积为125.79km^2；示范小城镇千人以上集中式饮用水源保护区5个，面积为9.9km^2；建制乡(镇)千人以上集中式饮用水源保护区53个，面积为59.25km^2。

2. 五千亩以上耕地大坝永久基本农田类生态保护红线

在流域内3个五千亩以上耕地大坝中共划定永久基本农田19.32km^2，纳入生态保护红线区域严格管控，其中2个万亩大坝中永久基本农田面积为15.44km^2，1个五千亩大坝中永久基本农田面积为3.88km^2。

3. 重要生态公益林类生态保护红线

将流域内国家级生态公益林作为重要生态公益林纳入生态保护红线区域，国家级生态公益林面积为1999.27km^2。

4. 石漠化敏感区类生态保护红线

流域内喀斯特地貌区域面积为6263.09km^2。将碳酸盐岩出露面积≥70%、坡度角≥25°

以及植被覆盖度≤20%的石漠化敏感区域划入生态保护红线，生态保护红线总面积为353.99km²，占六盘水市总面积的3.57%。

（二）三岔河、南盘江、北盘江三大流域生态保护红线分布

六盘水市处于长江、珠江流域分水岭地带，大致以滇黔铁路为分水岭线，以北属长江流域乌江水系，以南属珠江水系。乌江水系在市境以三岔河为干流，地处北部地区，包括水城区、六枝特区的部分地区。珠江水系经北盘江为干流，自西向东贯穿市境，南盘江支流分布在南部边缘（表6-2）。

（1）三岔河流域。三岔河流域面积为2184km²，占六盘水市总面积的22.03%。流域内生态保护红线总面积为522.63km²，占全市生态红线总面积的15.12%，占流域面积的23.93%，占全市总面积的5.27%。

（2）北盘江流域。北盘江流域面积为6527km²，占六盘水市总面积的65.84%。流域内生态保护红线总面积为2537.67km²，占全市生态红线总面积的73.43%，占流域面积的38.88%，占全市总面积的25.60%。

（3）南盘江流域。南盘江流域面积为1203km²，占六盘水市总面积的12.13%。流域内生态保护红线总面积为395.72km²，占全市生态红线总面积的11.45%，占流域面积的32.89%，占全市总面积的3.99%。

表6-2 三岔河和南、北盘江三大流域生态保护红线分类统计表

生态保护红线类型	三岔河流域		北盘江流域		南盘江流域	
	区域内生态保护红线面积/km²	占全市生态保护红线面积比例/%	区域内生态保护红线面积/km²	占全市生态保护红线面积比例/%	区域内生态保护红线面积/km²	占全市生态保护红线面积比例/%
风景名胜区类	86.20	2.49	364.63	10.55	97.17	2.81
自然保护区类	—	—	28.44	0.82	—	—
地质公园类	5.03	0.15	328.98	9.52	7.18	0.21
森林公园类	14.16	0.41	106.53	3.08	14.49	0.42
国家湿地公园类	1.98	0.06	61.95	1.79	—	—
千人以上集中式饮用水源地保护区类	105.12	3.04	74.06	2.14	15.76	0.46
五千亩以上耕地大坝永久基本农田类	8.04	0.23	11.28	0.33	—	—
重要生态公益林类	272.19	7.88	1497.25	43.32	229.83	6.65
石漠化敏感区类	54.77	1.58	281.47	8.14	17.75	0.51
合计（扣除重叠）	522.63	15.12	2537.67	73.43	395.72	11.45

第七章　喀斯特地区易地扶贫搬迁与生态文明建设

第一节　喀斯特地区易地扶贫搬迁

一、贵州省易地扶贫搬迁现状

截至2019年12月，贵州省已完成3个年度安置点建设和搬迁入住计划，提前完成党中央下达的建档立卡贫困人口搬迁任务。贵州省这场易地扶贫搬迁硬仗，时间之短、规模之大，创造了贵州历史之最，彻底改变了近200万名农村群众的世代命运，有力推动了城镇发展和乡村布局优化，增添了城乡经济增长新引擎，改善了农村自然生态环境。2020年2月，国家发展和改革委员会联合12个部门出台了《2020年易地扶贫搬迁后续扶持若干政策措施》，从完善安置区配套基础设施和公共服务设施、加强产业培育和就业帮扶、加强社区管理、保障搬迁群众合法权益、加大工作投入力度、加强统筹指导和监督检查六个方面，明确了25条具体措施，进一步细化实化了国家层面的后续扶持政策。

贵州省易地扶贫搬迁工作已经取得了决定性胜利，“上半篇文章”实现了圆满收官。为全面做好推进易地扶贫搬迁后续扶持的“下半篇文章”，全省将已建成的946个安置点(不含恒大援建毕节市4万人安置点)合并为842个集中安置区进行管理，全力推进后续扶持“五个体系”建设，截至2020年，后续扶持“五个体系”建设工作取得了阶段性成效，实现了“六个100%全覆盖”：一是集中安置区100%实现教育配套设施全覆盖，没有一个搬迁群众子女失学辍学；二是集中安置区100%实现医疗卫生服务全覆盖，切实解决了搬迁群众的看病问题；三是1万人以上集中安置区街道办事处100%已设立，实现管理机构全覆盖；四是200个3000人以上集中安置区警务室100%已设立，实现安置区警务室全覆盖；五是842个集中安置区综合服务中心(站)100%已设立，实现综合服务全覆盖；六是有党员的集中安置区100%设立了基层党组织，实现了党的基层组织全覆盖。

(一)基础设施和公共服务设施

在搬迁子女就学方面，据调查统计，贵州涉及搬迁户适龄子女就学需求共381727人。截至2020年5月，贵州946个安置点所在街道(乡镇、村)原有教育资源已消化解决搬迁子女201258人就学(含在外就读学生)；已建成573所配套学校，解决搬迁子女128621人就学问题。

在搬迁群众就医方面，截至2020年11月底，贵州省全面推进易地扶贫搬迁安置区医疗服务体系建设，确保搬迁群众均等享有基本公共卫生服务和基本医疗服务。对全省842个易地扶贫搬迁集中安置区，在充分利用好周边原有医疗卫生资源的基础上，新建和改扩建411个规范化医疗卫生机构，为759个医疗卫生机构配备设施设备，按规定配齐医务人员，搬迁群众看病就医有保障覆盖率达到100%。

在搬迁群众社会保障方面，截至2020年4月底，贵州97.73%的易地扶贫搬迁对象已缴纳医疗保险，93.61%的搬迁对象已缴纳养老保险，99.4%符合条件的搬迁对象已转入安置地城市低保。

（二）就业帮扶

在搬迁劳动力就业方面，贵州通过劳务输出、设立公益性岗位等多种模式，为有劳动力的40.89万户97.92万人想方设法谋出路，2019年底实现就业85.49万人，就业率为87.3%。2020年春节前后，由于受疫情影响，大部分返乡搬迁劳动力不能返岗和外出务工。为此，贵州在抓牢疫情防控同时，深入推进全省复工复产，帮助务工群众返岗复工。贵州省生态移民局提供的数据显示，截至2020年3月17日，贵州全省搬迁劳动力就业76.6万人，截至4月30日，就业人数提高到85.15万人，占搬迁劳动力总数的86.9%。其中县内务工34.22万人，县外省内务工12.52万人，省外务工38.41万人。

（三）社区治理管理

在社区服务和文化服务方面，截至2020年5月，贵州已完成842个安置区综合服务中心(站)的设立，实现了综合服务功能100%全覆盖；并组织开展了普法教育8082场次、市民意识教育10254场次。

在社区治理和基层党建体系方面，截至2020年5月，贵州已完成43个县(市、区)59个街道办事处的设置，成立了社区居委会451个、居(村)民小组3488个。设立社区警务室370个，配备警务人员1152人，建立治安保卫组织500个，全省200个3000人以上安置区警务室建设已经实现全覆盖。据统计，贵州188万搬迁群众中共有党员17672人，成立党(工)委85个、党总支88个、党支部795个、党小组734个，实现了有党员的集中安置区100%设立了基层党组织。

二、易地扶贫搬迁的生态意义

贵州易地扶贫搬迁在社会经济发展、小康社会建设、生态文明建设等方面都产生了积极影响作用。

生态环境得到修复与保护，呈现整体平稳局部好转局面。通过实施搬迁，迁出地群众迁入城镇等区域集中安置，有效缓解了农村地区人与林土水草等资源之间的矛盾，同时提高了土地利用效率，推进农村地区的产业结构升级，自然植被得到有效保护，将生态系统由以前的恶性循环逐渐向良性循环的方向调整，搬迁区域的生态环境呈现由以往的大范围持续恶化转变为整体平稳局部好转局面。

促进搬迁群众生产生活方式改变，实现迁出地产业结构调整。易地扶贫搬迁有助于人口与村镇布局和产业结构的优化，加快摆脱贫困的步伐，缩小贫富差距。同时，迁出地人口外迁，当地自然资源承载力强度得以缓解。搬迁前的小农生产模式从源头得到改变，群众搬离山区后，其宅基地、承包地、山林地等核心的农业资源流转得以实施，大范围的退耕还林和高效公益林、经果林等规模化种植经营得以实现，迁出地资源生态效益、经济效益全面提升。

区域经济整体发展，社会文明整体进步。通过对迁出地与迁入地生产要素进行重新分配组合，调整产业结构、改善生产和经营方式，结合不同区域资源优势因地制宜发展经济，积极引导移民在迁入地区的经济恢复和发展，从而促成搬迁群众资产性收入提升。地域迁移导致移民的社会生活环境发生变化，不同地区的生产生活方式、经济增长方式等革新着移民的思想理念、多种文化相互交流融合，有助于加快新型城镇化发展与全面建设社会主义现代化。

推进人与自然和谐共处，促进全面社会主义现代化与生态文明建设。易地扶贫搬迁与生态保护、城镇化建设融合是一种新的扶贫机制，将生态文明建设理念融入易地扶贫搬迁工作中，有利于在开发过程中守住发展和生态两条底线，更有利于人与自然和谐共处，最终实现可持续发展。

构筑“两江”上游生态屏障，保障全域生态安全。贵州省地处长江、珠江上游，易地扶贫搬迁的实施实现区域生态环境改善，生态系统服务功能得到了显著提升，为长江、珠江下游区域生态安全作出了巨大的贡献。

易地扶贫搬迁的实施，搬迁区域的地表覆盖发生了前所未有的大尺度变化，对搬迁区域的生态系统结构、服务功能产生了重大的影响，生态环境质量得到明显改善。对由易地扶贫搬迁实施引起的生态修复效果进行量化分析，不仅能从易地扶贫搬迁与生态系统服务的角度评估贵州易地扶贫搬迁实施的生态成效，对评估工程实施的综合成效尤其是生态修复成效具有良好的补充效果，同时对提高易地扶贫搬迁后续决策的科学性和优化决策的空间针对性具有重要的意义。

第二节 易地扶贫搬迁生态效益评估

一、技术路线

区域生态环境综合评价涉及的因素较多，各评价因子之间相互关系较复杂，而且国内外对区域生态环境综合评价的方法尚不统一。在相关理论研究基础上，充分考虑贵州区域的特点，选取科学合理的评价指标和评价模型适当修正以后进行评价。通过地理信息技术分别计算“十三五”易地扶贫搬迁前(2016 年)迁出地和搬迁后(2020 年)迁出地生态环境综合指数。并根据生态效益和生态修复效果两方面的评估结果，开展实地调研和分析，挖掘生态变化背后的原因，量化“十三五”易地扶贫搬迁对生态效益产生的影响力，掌握易地扶贫搬迁实施后贵州省生态环境恢复趋势和空间分布情况。从贵州省迁出地的“三块地”(承包地、山林地、宅基地)盘活角度出发，量化“十三五”易地扶贫搬迁迁出地“三块地”盘活带来的生态效益；从水土流失、石漠化问题改善角度出发，量化“十三五”易地扶贫搬迁为迁出地带来的生态改善效益，为易地扶贫搬迁后续的环境保护政策制定和区域综合发展规划提供科学依据。技术路线如图 7-1 所示。

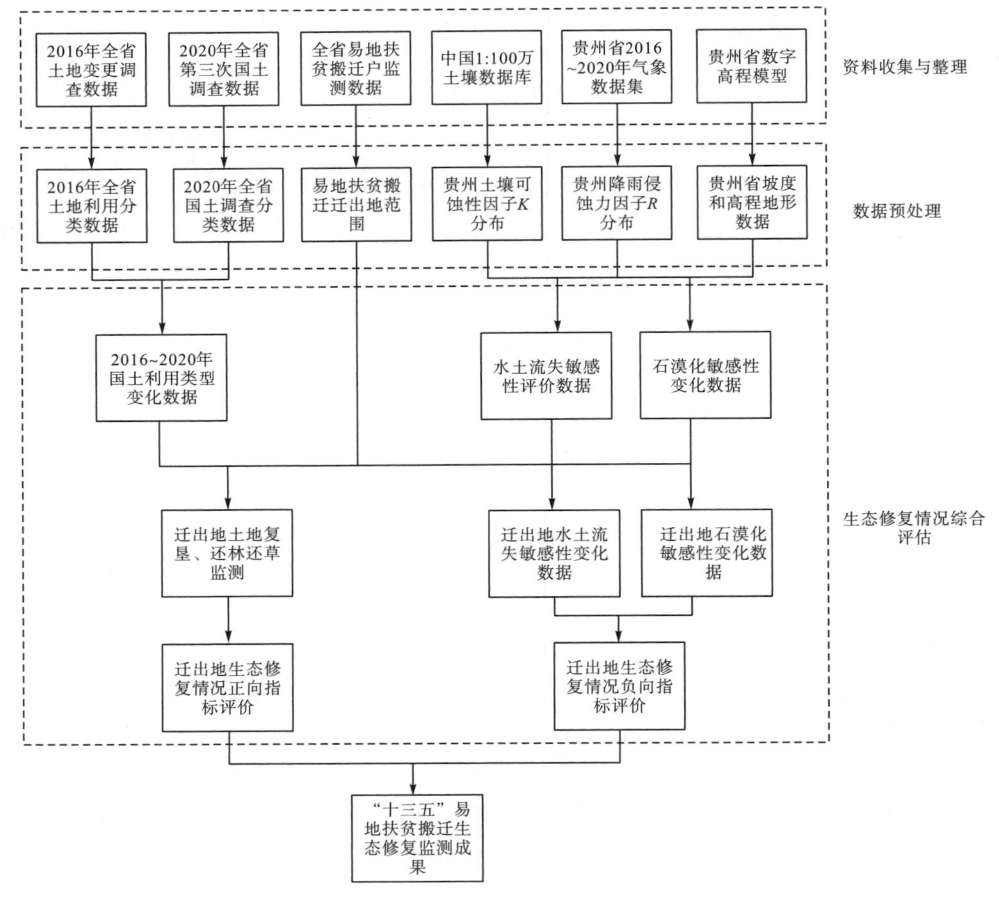

图 7-1 技术路线图

二、研究方法

(一)生态效益评估方法

1. 生态系统服务价值评估模型参数修正

研究在谢高地等(2015)当量因子表法的基础上修正贵州单位面积生态系统服务价值当量表，计算贵州易地扶贫搬迁迁出地生态系统服务价值。

当量因子法在运用时需要考虑生态系统的时空异质性，地区的差异性使生态系统服务量产生变化。结合相关研究成果，考虑生态系统的异质性，优化生态系统服务功能当量因子表，以便对贵州省生态系统服务功能价值进行更准确估算。

1) 以农田为基准的地区修正

首先，确定贵州省标准当量，即 1 个标准单位的生态系统服务价值当量因子价值量。标准当量指的是 $1hm^2$ 农田每年自然粮食产量产生的经济价值。贵州省主要产出粮食为小麦、玉米、水稻、薯类，根据四类粮食主产物计算贵州生态服务价值基准价格，以此作为标准化参照，以确定其他生态系统服务价值：

$$D=S_{w}\times F_{w}+S_{c}\times F_{c}+S_{r}\times F_{r}+S_{p}\times F_{p} \tag{7-1}$$

式中，D表示1个标准当量因子的生态系统服务价值量(元/hm^2)；S_w、S_c、S_r和S_p分别表示2018年贵州省小麦、玉米、稻谷和薯类的播种面积占四种作物总播种面积的百分比(%)；F_w、F_c、F_r和F_p分别表示全国小麦、玉米、稻谷和薯类的单位面积平均净利润(元/hm^2)。依据《贵州省统计年鉴2019》《全国农产品成本收益资料汇编2019》，采用贵州省农田粮食的单位面积产量与中国农田粮食单位面积产量比值作为修订系数，修订为“贵州省生态系统单位面积生态系统服务价值当量”。修订方法如下：

$$\lambda=\frac{Q}{Q_0} \tag{7-2}$$

$$E_{1i}=\lambda\times E_{0i} \tag{7-3}$$

式中，λ表示生态服务当量的地区修订转换系数；Q和Q_0分别表示贵州省与全国的单位面积粮食产量；E_{1i}表示第i类生态系统类型通过地区修订后的生态系统服务当量；E_{0i}表示第i类生态系统类型基础当量。根据式(7-2)和式(7-3)计算，得出转换系数为0.77，由此修正得到当年贵州省初步生态系统单位面积生态服务价值当量。

2)基于植被净初级生产力的生态系统当量因子修正

生态系统服务价值随生态系统过程、尺度和完整度的影响，产生时空动态变化。贵州省地处西南喀斯特山区，地形影响下的植被季相不同且生态系统内部结构差异很大，贵州地形复杂，植被覆盖度高，生态系统服务价值系数(valne coefficient，VC)需要进一步修正。一般意义上，植被净初级生产力(net primary productivity，NPP)在很大程度上决定着森林生态功能的强弱，NPP具有列入生态统计指标体系的潜力，对于反映环境状况、土地利用、生态资源和计算生态系统服务价值都有重要参考价值，生态系统功能强度与净初级生产力呈线性关系。为了更准确地体现贵州省生态系统服务价值的空间差异性，研究应用NPP在农田粮食单位面积产量的比值修正的基础上，按下述公式对贵州省森林和草地生态系统服务功能型系数进行进一步调整：

$$E_i=(b_i/B)E_1 \tag{7-4}$$

式中，E_i表示经NPP修正后的生态系统服务当量，i=1,2,…,n，分别表示草原、针叶林、阔叶林等不同的生态系统；E_1表示生态系统经地区修订后的生态系统服务当量；b_i表示第i类生态系统的NPP；B表示一级森林或草地生态系统的NPP平均值。

基于改进的CASA(Carnegie-Ames-Stanford approach)光能利用率模型，实现贵州省净初级植被生产力估算。该方法根据光能利用率模型的建模思路，通过引入植被覆盖分类及植被覆盖度最大最小值，采用“最大光能利用率”参数，使之更符合喀斯特高原山地的实际情况。基于朱文泉提出的中国典型植被最大光利用率模拟参数，利用地面气象数据和遥感数据对陆地植被NPP进行估算，实际的可操作性加强(朱文泉等，2006)。

根据植被类型空间分布特征与NPP整体分布特征，NPP均值为41.85gC/m^2。经过分类统计得到针叶林、针阔混交林、灌木林地、草原和阔叶林的NPP平均值分别为95.71gC/m^2、70.018gC/m^2、36.829gC/m^2、23.06gC/m^2、93.72gC/m^2，并计算得到森林与草地各生态系统类型转换系数，其中草原为0.551、灌木林地为0.880、针阔混交林为1.673、阔叶林为2.235、针叶林为2.287。据此，对贵州省森林及草原生态系统服务价值当量进行进一步修正。

3）贵州省单位面积生态系统服务价值

根据农田和植被净初级生产力因子对贵州省生态系统服务价值当量做出降尺度修正，经过地区调整和生态系统类型调整后，单位面积生态服务价值区分度在不同陆地生态类型空间上进一步加强。贵州省各生态系统类型单位面积 VC 如表 7-1 所示。

表 7-1 贵州省各生态系统类型单位面积 VC ［单位：$\times 10^3$ 元/($hm^2 \cdot a$)］

生态系统分类		供给服务			调节服务				支持服务			文化服务
一级分类	二级分类	食物生产	原料生产	水资源供给	气体调节	气候调节	净化环境	水文调节	土壤保持	维持养分循环	生物多样性	美学景观
农田	旱地	0.65	0.31	0.02	0.52	0.28	0.08	0.21	0.79	0.09	0.10	0.05
	水田	1.05	0.07	−2.03	0.85	0.44	0.13	2.09	0.01	0.15	0.16	0.07
森林	针叶	0.39	0.92	0.48	2.99	8.93	2.62	5.88	3.63	0.28	3.31	1.44
	针阔混交	0.40	0.91	0.48	3.03	9.06	2.56	4.52	3.68	0.28	3.35	1.47
	阔叶	0.50	1.14	0.59	3.73	11.19	3.32	8.16	4.56	0.34	4.15	1.82
	灌木	0.13	0.29	0.15	0.77	2.87	0.87	2.27	1.17	0.09	1.06	0.47
草原	草原	0.04	0.06	0.03	0.22	0.57	0.19	0.42	0.26	0.02	0.24	0.11
	灌草丛	0.29	0.43	0.24	1.52	4.01	1.32	2.94	1.85	0.14	1.68	0.74
荒漠	裸地	0.00	0.00	0.00	0.02	0.00	0.08	0.02	0.02	0.00	0.02	0.01
水域	水系	0.62	0.18	6.38	0.59	1.76	4.27	78.72	0.72	0.05	1.96	1.46

2. 生态系统服务价值评估模型建立

运用康斯坦萨(Constanza)的生态系统服务价值公式，在贵州省不同生态系统类型基础上，计算生态系统服务价值，具体模型如下：

$$\mathrm{ESV}_k = \sum (A_i \times \mathrm{VC}_{kf}) \tag{7-5}$$

$$\mathrm{ESV}_f = \sum_k A_k \times \mathrm{VC}_{kf} \tag{7-6}$$

$$\mathrm{ESV} = \sum_f \sum_k A_k \times \mathrm{VC}_{kf} \tag{7-7}$$

式中，ESV 为贵州省评估年生态系统服务价值；k 为生态系统类型；f 为生态系统服务功能类型；ESV_k 为第 k 类生态系统的服务价值；ESV_f 为第 f 项服务功能的服务价值；A_k 为第 k 类生态系统类型的面积；VC 表示生态系统服务价值系数。

（二）生态修复效果评价方法

从水土流失与石漠化等生态问题改善角度出发对生态修复效果进行评估，通过 GIS 技术分别计算“十三五”易地扶贫搬迁前(2016 年)迁出地和搬迁后(2020 年)迁出地的水土流失敏感性和石漠化敏感性变化数据，对“十三五”易地扶贫搬迁迁出地生态修复进行评估。

1. 石漠化敏感性评价

石漠化敏感性主要取决于地形坡度、植被覆盖度等因子。根据各单位因子的分级及赋值，利用地理信息系统的空间叠加分析功能，将各单位因子敏感性影响分布图进行乘积计算，得到石漠化敏感性等级分布结果，公式如下：

$$S_i = \sqrt[3]{D_i \times P_i \times C_i} \tag{7-8}$$

式中，S_i 为 i 评价区域石漠化敏感性指数；D_i、P_i、C_i 分别为 i 评价区域碳酸盐岩出露面积百分比、地形坡度和植被覆盖度，各因子的敏感性等级赋值见表 7-2。D_i 为区域单元范围内碳酸盐岩出露面积占单元总面积的百分比；P_i 根据评价区数字高程在 GIS 下进行处理和分级；C_i 的数据来源于遥感影像数据，植被覆盖度是影响石漠化敏感度的重要因素，一般情况下地表裸露、植被稀少地区石漠化的概率增大：

$$C_i = \frac{\mathrm{NDVI} - \mathrm{NDVI}_{\mathrm{soil}}}{\mathrm{NDVI}_{\mathrm{veg}} - \mathrm{NDVI}_{\mathrm{soil}}} \tag{7-9}$$

式中，$\mathrm{NDVI}_{\mathrm{veg}}$ 为完全被植被覆盖地表所贡献的信息；$\mathrm{NDVI}_{\mathrm{soil}}$ 为无植被覆盖地表所贡献的信息。

表 7-2　土地石漠化敏感性评价指标及分级

指标	碳酸盐岩出露面积占比/%	地形坡度角	植被覆盖度	分级赋值(S)
不敏感	≤10	≤5°	≥0.8	1
轻度敏感	10～30	5°～8°	0.6～0.8	3
中度敏感	30～50	8°～15°	0.4～0.6	5
高度敏感	50～70	15°～25°	0.2～0.4	7
极敏感	≥70	≥25°	≤0.2	9

2. 水土流失敏感性评价

根据土壤侵蚀发生的动力条件，水土流失类型主要有水力侵蚀和风力侵蚀，贵州省仅涉及水力侵蚀。根据《生态功能分区技术规范》(征求意见稿)的要求，选取降水侵蚀力、土壤可蚀性、地形起伏度和地表植被覆盖等评价指标，并根据研究区的实际情况对分级评价标准做相应的调整。将反映各因素对水土流失敏感性的单因子评价数据，用 GIS 技术进行乘积运算，公式如下：

$$SS_i = \sqrt[4]{R_i \times K_i \times LS_i \times C_i} \tag{7-10}$$

式中，SS_i 为 i 空间单元水土流失敏感性指数，评价因子包括降雨侵蚀力(R_i)、土壤可蚀性(K_i)、地形起伏度(LS_i)、地表植被覆盖(C_i)。不同评价因子对应的敏感性等级值见表 7-3。

表 7-3　水土流失敏感性评价指标及分级赋值

因素	降雨侵蚀力 R	土壤可蚀性 K	地形起伏度 LS	植被覆盖度 C	分级赋值 S
不敏感	<25	石砾、砂	0～20	≥0.8	1
轻度敏感	25～100	粗砂土、细砂土、黏土	20～50	0.6～0.8	3
中度敏感	100～400	面砂土、壤土	50～100	0.4～0.6	5
高度敏感	400～600	砂壤土、粉黏土、壤黏土	100～300	0.2～0.4	7
极敏感	>600	砂粉土、粉土	>300	≤0.2	9

三、生态效益评估

农户核心资产为农村宅基地、山林地、承包地，如何盘活“三块地”是农村社会经济发展的关键，一直以来受限于农村农户生存现状，“三块地”盘活高效利用效果不够理想。在易地扶贫搬迁大环境下，农户离开农村进驻城镇，其生活生产方式发生了历史性变化，农村“三块地”盘活也迎来新的契机。易地扶贫搬迁中除政策性保留原有旧房，其余搬迁户宅基地均完成复垦复绿，实现宅基地土地利用性质的改变；农村山林地大部分实现流转，山林地产业呈现规模化、集约化、高效化发展，原有的散户种植林木状态调整为规模化种植，林木品种也由普通林木向经济效益、生态效益更高的公益林、经济林转换；农村承包地大部分实现土地流转或退耕还林，承包地流转后大部分实现种植结构调整，由传统的玉米、水稻种植转变为魔芋、芒果、薏仁米等经济价值更高、生态效益更好的适宜规模化种植作物。易地扶贫搬迁实现了农村“三块地”盘活，推进了土地的规模化经营利用，增加了搬迁户资产性收入，同时人类活动对土地的扰动降到较低程度，迁出地生态环境得到较为理想的恢复。

下面基于生态系统服务价值体系的理论基础，评估“三块地”盘活产生生态效益，并选取部分典型区从小尺度范围说明“三块地”盘活产生生态效益情况。

（一）已拆除宅基地复垦复绿生态效益评估

(1)生态系统服务价值增加，生态调节服务功能提升显著。在宅基地复垦复绿的过程中，搬迁地的生态系统情况发生了改变，反映在农田和林草地面积增加，农村宅基地面积减少，相应的生态系统服务价值呈上升状态。根据贵州省单位面积生态系统服务价值模型，计算贵州省已拆除宅基地复垦复绿产生的生态服务价值(表 7-4 和图 7-2)。

表 7-4 贵州省搬迁宅基地复垦复绿生态服务价值表 （单位：万元）

生态系统分类	供给服务			调节服务				支持服务			文化服务	小计
	食物生产	原料生产	水资源供给	气体调节	气候调节	净化环境	水文调节	土壤保持	维持养分循环	生物多样性	美学景观	
农田	216.03	103.03	6.65	172.83	93.06	26.59	69.80	262.56	29.91	33.24	16.62	1030.32
林草地	14.27	31.84	16.47	84.55	315.15	95.53	249.26	128.47	9.88	116.40	51.61	1113.44

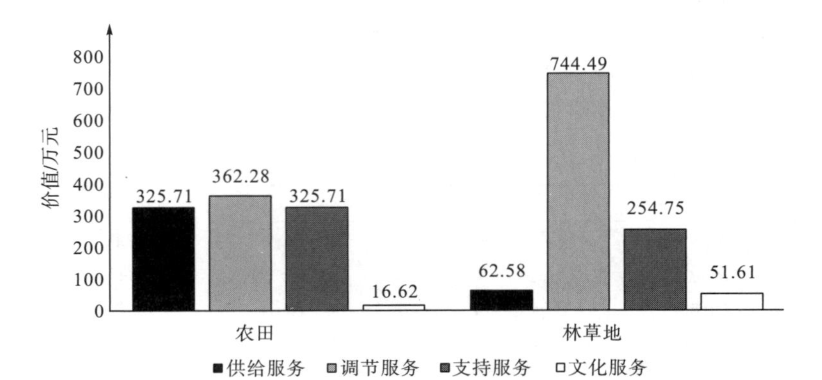

图 7-2 贵州省搬迁宅基地复垦复绿生态服务价值分类图

2016～2018 年，“十三五”易地扶贫搬迁在复垦农田方面，提升了搬迁地 1030.32 万元的生态系统服务价值，在复绿林草地方面，提升了搬迁地 1113.44 万元的生态系统服务价值。贵州省迁出地生态系统服务价值共提升 2143.76 万元，其中生态调节价值增加 1106.77 万元，占生态服务价值提升总量的 51.63%。

(2) 各地生态系统服务价值增量与复垦复绿面积呈明显正向相关关系。各市州在“十三五”易地扶贫搬迁中复垦复绿产生的生态服务价值情况见表 7-5，搬迁拆除旧房复垦复绿最多的毕节市，毕节市和黔西南州复垦复绿面积占贵州省复垦复绿面积 44.88%，其生态系统服务价值增量分别为 532.85 万元和 613.53 万元，共占贵州省增量比例达 53.48%。其余各市州同样，其生态系统服务价值增加总量与复垦复绿面积呈明显的正向相关关系。生态系统服务价值最低的贵阳市，复垦复绿面积占贵州省 0.46%，其生态系统服务价值为 16.31 万元，占贵州省总增量的 0.76%。

表 7-5　各市州搬迁宅基地复垦复绿生态服务价值表

市州	总搬迁入住户数/户	复垦复绿面积/亩	产生生态系统服务价值/万元		合计/万元
			复垦耕地	复绿林草地	
贵阳市	3009	308	1.98	14.33	16.31
六盘水市	27247	2769	57.23	0	57.23
安顺市	18811	2757	32.74	79.29	112.03
黔东南州	70658	5240	103.97	14.13	118.1
铜仁市	64712	8225	162.69	23.86	186.55
黔南州	57454	7331	106.50	147.23	253.73
遵义市	46011	9930	184.00	69.43	253.43
黔西南州	74579	11719	78.68	534.85	613.53
毕节市	60972	18046	302.54	230.31	532.85
合计	423453	66325	1030.32	1113.44	2143.76

(3) 户均生态系统服务价值增长效果有限。全省户均生态系统服务价值增量为 50.63 元，与其他如造林、土地整治等工程比较，整体增长效果有限。搬迁每户产生价值最高的依然是毕节市，每户产生价值 87.39 元，其次则是黔西南州，产生价值 82.27 元(图 7-3)，与总量第一的毕节市比较，黔西南州比毕节市搬迁后多 13607 户，因此在户均生态服务价值收益上略微落后毕节市。

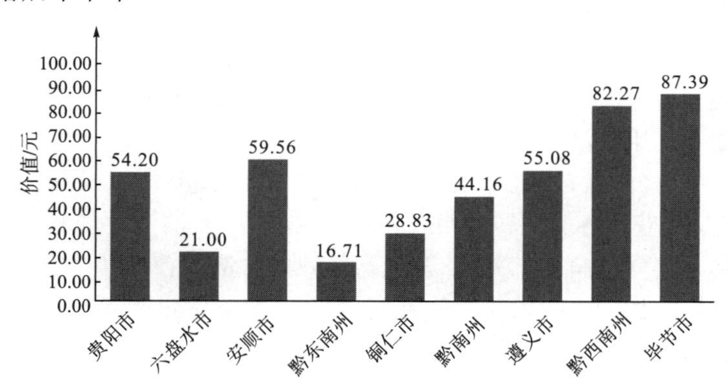

图 7-3　各市州平均每户搬迁产生生态服务价值图

(4)政策性支持产生的生态效益在直接的经济收益中尤为明显。除提升生态系统服务价值之外，旧房宅基地在复垦后，产生的复垦耕地指标可利用城乡增减挂钩政策支持，在验收后取得直接收益，相对于复垦复绿直接产生的生态系统服务价值增量，城乡增加挂钩产生的经济效益较为明显。

截至2020年12月，贵州省复垦耕地指标用于城乡建设用地增减挂钩的有10708亩，占旧房拆除复垦总面积的16.14%，产生了约14.36亿元的直接经济收益。搬迁中宅基地复垦复绿工作在具有良好生态服务功能的同时，还为迁出地提供了较为明显的直接收益，盘活了搬迁地区存量建设用地的集约开发利用。尤其是毕节市成交面积有7958亩，总收益达104638万元，获得的收益占全省的72.88%(表7-6)。省自然资源厅在易地扶贫搬迁后续扶持中城乡建设用地增减挂钩中对毕节市进行了倾斜支持，特别是跨省增减挂钩指标得到了逐年增加。在这样的政策机遇下，不断加大增减挂钩项目的实施力度，为当地实现按时脱贫打下了牢固基础。

表7-6 各市州复垦耕地指标用于城乡建设用地增减挂钩情况表

市州	总搬迁入住户数/户	其中：复垦耕地面积/亩	成交面积/亩	总收益/万元
贵阳市	3009	96	0	0
安顺市	18811	1584	1116	22319
六盘水市	27247	2769	0	0
遵义市	46011	8903	328	0
黔南州	57454	5153	11	332
毕节市	60972	14639	7958	104638
铜仁市	64712	7872	1203	14434
黔东南州	70658	5031	92	1849
黔西南州	74579	3807	0	0
全省总计	423453	49854	10708	143572

(二)搬迁户承包地生态效益评估

贵州省承包地有偿和统一流转，各地平均产生的直接收益标准为240元/(亩/a)；退耕还林补助各地差异较大，以各地实际提供数额为准。按照这一标准计算“十三五”易地扶贫搬迁承包地流转利用经济效益情况如图7-4所示。

(1)承包地盘活经济效益明显，农户实际增收成效显著。“十三五”易地扶贫搬迁在承包地盘活方面，共获得各类流转费用或补助22732.87万元。其中土地流转获得11148.47万元，退耕还林获得11584.41万元。从获得的效益总量来看，“十三五”易地扶贫工程中承包地流转利用产生的生态效益十分可观。贵州省平均每户搬迁群众能从退耕还林中获得约274元，能从土地流转中获得约263元。

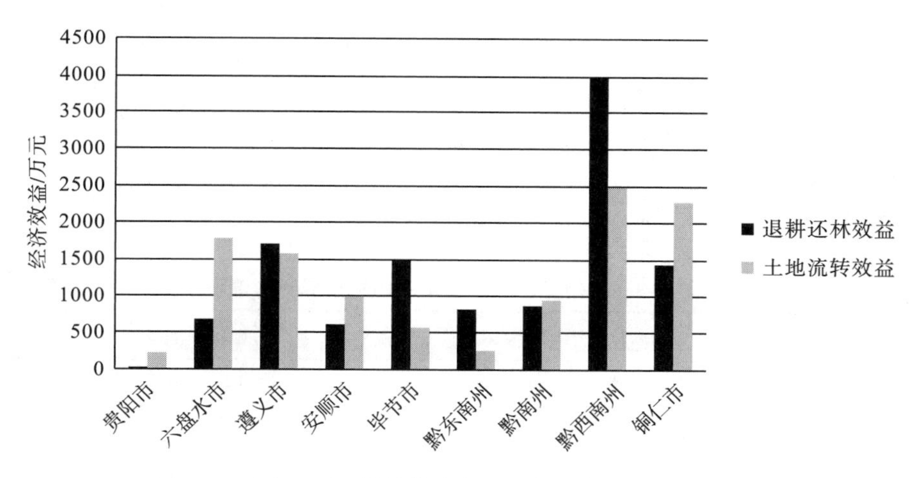

图 7-4　“十三五”易地扶贫搬迁承包地流转利用经济效益

(2)政策创新地区承包地盘活收效显著。从各市州承包地流转利用获得的效益(表 7-7)来看，获得的生态效益与流转或退耕的面积成正比。其中，黔西南州在退耕还林中获得收益 39754639 元，占承包地流转利用效益的 34.32%，退耕还林户均获得收益 533 元，同样在各市州位列第一。原因是黔西南州作为国家退耕还林试点，把退耕还林工程与特色产业发展、林业产业结构调整有机结合，取得了良好的生态效益。

表 7-7　各市州易地扶贫搬迁中承包地流转利用效益表

市州	总搬迁户数/户	退耕还林效益/元	户均退耕还林效益/元	土地流转效益/元	户均土地流转效益/元
贵阳市	3009	171509	57	2229286	741
六盘水市	27247	6750197	248	17864225	656
遵义市	46011	17056467	371	15803249	343
安顺市	18811	6074082	323	9883260	525
毕节市	60972	14846706	244	5751874	94
黔东南州	70658	8187026	116	2609266	37
黔南州	57454	8670683	151	9547702	166
黔西南州	74579	39754639	533	24909478	334
铜仁市	64712	14332773	221	22886321	354
合计	423453	115844082	274	111484658	263

(3)土地流转方面收益明显。黔西南州、铜仁市获得的总收益最高，均在 2000 万元以上，而户均获得土地流转收益最高的则为贵阳市和六盘水市，因大户集体经营带动土地流转，每户流转获得收益分别为 741 元和 656 元(表 7-7)。

(4)生态系统服务价值提升显著。承包地盘活利用过程中，土地流转将提高承包地的集约利用效果，承包地整体生态服务价值将有一定程度提升。承包地退耕还林直接改变承包地原有土地利用类型，由耕地转变为林地，相应的供给服务价值会有所降低，但调节服务价值、支持服务价值、文化服务价值会有明显提升。根据贵州省单位面积生态系统服务价值模型，全省承包地退耕还林产生的生态服务价值增量将达到约 1.44 亿元，现阶段退耕形成林地还未成长为成型林地，在后期林地经过养护之后生态服务价值会有更为明显的提高(表 7-8)。

表 7-8 贵州省迁出地退耕还林生态服务价值表 (单位：万元)

生态系统分类	供给服务			调节服务				支持服务			文化服务	小计
	食物生产	原料生产	水资源供给	气体调节	气候调节	净化环境	水文调节	土壤保持	维持养分循环	生物多样性	美学景观	
农田	4579	2155	101	3602	1953	539	1448	5555	640	707	337	21616
林地	438	1010	505	3333	9999	3030	7945	4074	303	3703	1650	35990
退耕还林	-4141	-1145	404	-269	8046	2491	6498	-1481	-337	2996	1313	14375

“十三五”易地扶贫搬迁通过盘活搬迁户承包地，运用好了土地流转和退耕还林相关政策，灵活运用有偿补助、集体经营、入股分红等创新改革举措，有效扩宽了搬迁户的收入途径，实现了经济效益、生态效益的全面提升。

(三)搬迁户山林地生态效益评估

(1)山林地盘活效益初步体现，进一步调整潜力较大。按各市州实地调研座谈的数据显示，贵州省山林地有偿和统一流转产生的收益平均为每年 100 元/亩。按照这一标准，计算“十三五”期间全省易地扶贫搬迁中山林地盘活产生的直接生态效益。“十三五”易地扶贫搬迁在山林地盘活方面，共获得各类流转费用或补助 6566.02 万元。其中有偿流转获得 2043.50 万元，农户山林地转化为公益林获得补助达 4522.52 万元。山林地盘活可为每个搬迁户增加收益 155 元。在易地扶贫搬迁全面实施以后，农户愈加倾向于山林地集约利用，山林地盘活空间将有进一步加大，经济效益也将进一步突显。

(2)山林地盘活效益潜力巨大。从获得的效益总量来看，“十三五” 易地扶贫工程在盘活搬迁户山林地方面的效益价值相比承包地和复垦复绿较小，原因是山林地的盘活利用难度更大，流转费用更少，但山林地的盘活和转化在搬迁经济效益中具有不可忽视的贡献。一方面，相对于耕地资源，贵州省的森林资源更为丰富，以林下经济为代表的山地特色农业具有深挖潜力；另一方面，通过中央财政森林生态效益补偿等资金的兑现，有助于搬迁地中经济落后、边远落后的地区搬迁户的生存和发展问题的解决。例如，黔西南州作为滇桂黔石漠化连片地区核心带市州，搬迁户户均获得公益林补助高达 168 元，高于全省的户均土地流转费用和退耕还林补助(表 7-9)。该项补助资金对当地搬迁户生计水平的全面提升起到了至关重要的作用。

表 7-9　各市州易地扶贫搬迁中山林地流转利用效益表

市州	总搬迁入住户数/户	山林地流转费用/万元	户均流转效益/元	公益林补助/万元	户均公益林补助/元
贵阳市	3009	5.16	17	7.24	24
六盘水市	27247	42.11	15	384.25	141
遵义市	46011	365.15	79	383.71	83
安顺市	18811	207.02	110	56.93	30
毕节市	60972	81.61	13	325.58	53
黔东南州	70658	158.18	22	582.95	83
黔南州	57454	60.75	11	1103.02	192
黔西南州	74579	403.56	54	1250.64	168
铜仁市	64712	719.95	111	428.20	66
合计	423453	2043.50	48	4522.52	107

(3)山林地盘活对区域生态效益具有重大意义。截至 2020 年 12 月，贵州省易地扶贫搬迁迁出地确权山地林面积达到 3638134 亩，以贵州省单位面积生态系统服务价值为计算依据，结合贵州省第三次土地调查林地中乔木林地、竹林地、灌木林地、其他林地的占比设定确权林地类型，计算现阶段迁出地山地林生态系统服务价值，预估迁出地山林地生态系统服务价值达到约 92.29 亿元(表 7-10)。未来随着公益林补助政策得到进一步优化，林下经济等新山地特色农业模式逐渐在全省铺开，山林地盘活的生态效益有望在“十四五”期间获得进一步提升。

表 7-10　迁出地山林地生态服务价值表　（单位：万元）

生态系统分类		供给服务			调节服务				支持服务			文化服务	小计
一级分类	二级分类	食物生产	原料生产	水资源供给	气体调节	气候调节	净化环境	水文调节	土壤保持	维持养分循环	生物多样性	美学景观	
森林	针叶	4564	10839	5647	35426	105710	31035	69599	42958	3309	39193	17114	365394
	针阔混交	2100	4815	2531	15989	47781	13520	23829	19446	1481	17656	7717	156865
	阔叶	5540	12573	6447	41290	12307	36708	90197	50399	3782	45871	20192	325306
	灌木	917	2114	1057	6978	20934	6344	16634	8529	634	7753	3454	75348
合计		13121	30341	15682	99683	186732	87607	200259	121332	9206	110473	48477	922913

四、生态修复成效评估

(一)石漠化敏感度变化

贵州省石漠化敏感性的改善与“十三五”易地扶贫搬迁的规模存在一定的关联性，但这种改善与易地扶贫搬迁间是否属于强关联还需进一步论证。为深度探寻石漠化改善情况与“十三五”易地扶贫搬迁的相关性，依据易地扶贫搬迁的相关监测数据，采取自然断点分级法，将贵州省所有村按搬迁户数量分为四类：无搬迁户、稀少搬迁户、较多搬迁户、密集搬迁户。具体分类标准见表 7-11。

表 7-11 搬迁户规模分类 （单位：万亩）

搬迁规模	分级标准分类	村域面积
无搬迁户	搬迁户数量为 0 户	1771.61
稀少	搬迁户数量小于等于 100 户	17544.66
较多	搬迁户数量大于 100 户小于等于 500 户	6662.18
密集	搬迁户数量大于 500 户	442.74

然后定量分析随着搬迁规模的变化，不同搬迁规模的石漠化极敏感区三年间的变化趋势。具体计算结果如表 7-12 和图 7-5 所示。

表 7-12 不同搬迁规模下石漠化极敏感区变化情况表

搬迁规模	面积/万亩	2016 年极敏感区面积/万亩	2019 年极敏感区面积/万亩	2016 年石漠化极敏感区占比/%	2019 年石漠化极敏感区占比/%	比例增减/百分点
无搬迁户	1771.61	19.25	15.14	1.09	0.85	−0.23
稀少	17544.66	232.73	196.28	1.33	1.12	−0.21
集中	6662.18	695.85	638.46	10.44	9.58	−0.86
密集	442.74	112.96	109.37	25.51	24.70	−0.81
合计	26421.19	1060.79	959.25	4.01	3.63	−0.38

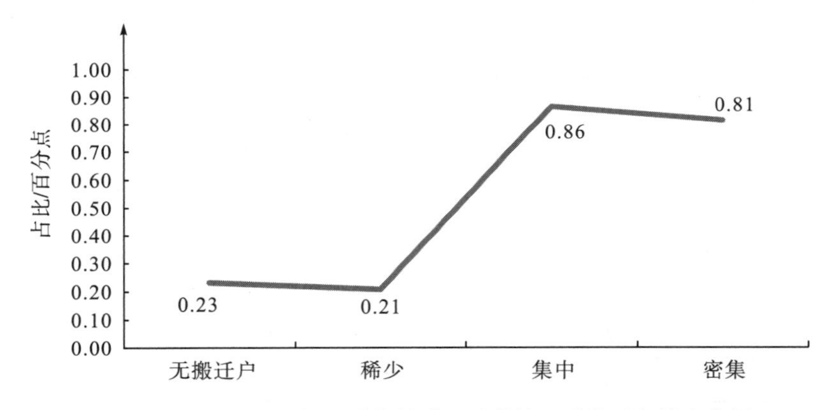

图 7-5 2016～2019 年石漠化敏感区改善情况随搬迁规模变化图

(1) 易地扶贫搬迁区域与石漠化敏感区域高度吻合。搬迁规模越大的区域，往往是石漠化敏感度较高的区域。2019 年密集搬迁区石漠化极敏感区占比为 24.70%，而无搬迁户区石漠化极敏感区却仅有 0.85%，前者约为后者 29 倍，差异较为显著。石漠化多与贫困联系在一起，在搬迁前，当地群众粮食、能源短缺，对资源过度开发，广种薄收、乱砍滥伐、不合理放牧等活动致使植被恢复困难，常常出现“生态退化—贫困—生态进一步退化”

的恶性循环，属于典型的“一方水土养不好一方人”的生态脆弱区，通过搬迁减少人为活动，进而促进石漠化问题生态修复。

(2)石漠化改善程度与搬迁规模成正比。随着搬迁规模的扩大，区域的石漠化极敏感区域面积占比呈现明显下降，无搬迁区三年间石漠化极敏感区占比仅下降了 0.23 个百分点，而搬迁规模密集区石漠化极敏感区占比下降了多达 0.81 个百分点，约为无搬迁区或搬迁规模稀少区的 4 倍，证明石漠化敏感性的改善与“十三五”易地扶贫搬迁具备强关联性。但搬迁规模集中区却比密集区改善占比略高 0.05 个百分点，这与搬迁密集区往往是重度和极重度石漠化片区，改善难度更高有关。

(二)水土流失敏感度变化

水土流失修复是多种因素综合作用的结果。为深入挖掘易地扶贫搬迁与水土流失敏感度之间的关联性，将依据之前按搬迁规模对全省村的分级，定量计算随着搬迁规模的变化，不同搬迁规模的水土流失极敏感区三年间变化趋势情况。具体计算结果如表 7-13 和图 7-6 所示。

表 7-13　不同搬迁规模下水土流失极敏感区变化情况表

搬迁规模	面积/万亩	2016 年极敏感区面积/万亩	2019 年极敏感区面积/万亩	2016 年极敏感区占比/%	2019 年极敏感区占比/%	比例增减/百分点
无搬迁户	1771.61	34.26	7.32	1.93	0.41	−1.52
稀少	17544.66	518.79	110.47	2.96	0.63	−2.33
集中	6662.18	300.23	61.87	4.51	0.93	−3.58
密集	442.74	50.08	5.48	11.31	1.24	−10.07
合计	26421.19	903.36	185.14	3.42	0.70	−2.72

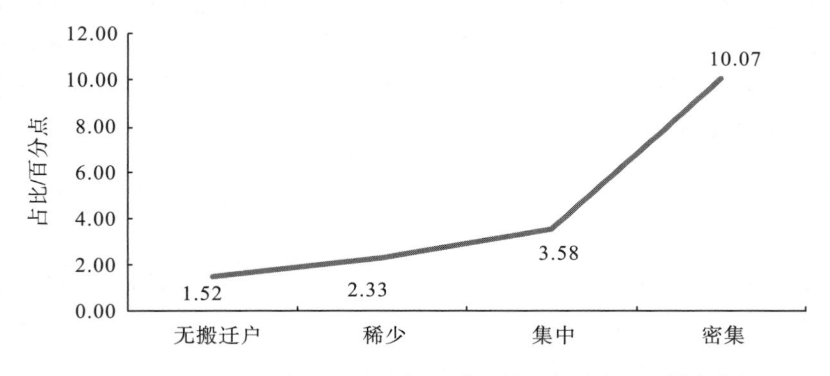

图 7-6　2016～2019 年水土流失极敏感改善程度随搬迁规模变化图

(1)易地扶贫搬迁区域与水土流失敏感区域高度吻合。贵州省易地扶贫搬迁规模较密集的区域，也是水土流失极敏感区集中区域。搬迁规模为密集的区域 2019 年水土流失极敏感区的占比为 11.31%，是无搬迁区的近 6 倍，差异显著。水土流失极敏感区是“生态退化—贫困—生态进一步退化”的恶性循环较为明显区域，也是较为明显的“一方水土养不好一方人”生态脆弱区。

(2)水土流失敏感程度的改善程度与搬迁规模成正比。贵州省无搬迁户的区域三年间石漠化极敏感区占比仅下降了 1.52 个百分点，而密集搬迁户的区域水土流失极敏感区的下降多达10.07个百分点，约为无搬迁户的区域的6.63倍。证明水土流失敏感性改善与“十三五”易地扶贫搬迁具备强关联性，实施易地扶贫搬迁对水土流失的修复作用极为显著。

第三节 巩固易地扶贫搬迁生态成效

“十三五”期间，贵州省全面完成国家统筹部署的易地扶贫搬迁任务，从根本上解决了喀斯特生态脆弱区贫困人民的基本生计问题，为全面打赢脱贫攻坚战役，全面建成小康社会作出突出的贡献。同时，贵州省将生态文明建设理念融入扶贫开发当中，在开发过程中守住发展和生态两条底线，实现绿色发展、生态发展与可持续发展。易地扶贫搬迁在实现贫困人口搬迁脱贫的同时，重建易地扶贫搬迁迁出地的生态环境，基于“搬迁”手段，实现“扶贫”与“生态保护”的目的，重视与落实易地扶贫搬迁迁入区后续发展，帮助搬迁户脱贫致富迈入小康，重视与落实易地扶贫迁出地的生态建设，以此实现生态保护可持续发展。

1. 加强组织协调，为搬迁后半篇文章的完成做好保障

巩固易地扶贫搬迁取得的生态效益，必须扎实做好后续扶持工作，写好搬迁“后半篇文章”。一是继续保留各级易地扶贫搬迁工作领导小组、指挥部和部门统筹协调机制；二是坚持党委政府主抓、多部门共同参与的工作机制，发挥政府在搬迁地区生态文明建设中的主导作用，切实履行后续帮扶工作主体责任。

健全和完善易地扶贫搬迁督查、考核和问责机制，加强对易地扶贫搬迁迁出地自然资源盘活用好相关工作的考核，将易地扶贫搬迁后续扶持工作开展情况作为脱贫攻坚成效考核评估的重点内容，迁出地生态环境改善作为重要考核指标，落实奖惩措施。各地区需因地制宜探索和制定具有区域特色、有针对性的迁出地可持续发展实施方案，强化工作推进与成效追踪，确保各项具体项目有序实施。

2. 强化易地扶贫搬迁生态保护、补偿制度建设，充分运用行政、法律和经济手段进行宏观调控

首先，法律法规是生态保护的有力保障机制，易地扶贫搬迁后的生态效益需要有效的法规作为巩固；其次，相关法规还需依靠行政执法机关通过严格执法来控制资源浪费及对环境的污染等行为；最后不仅要及时制止搬迁地涉嫌破坏生态环境的行为，也要追究当事人和有关地方领导的责任。移民搬迁部门要加强与公、检、法和环保部门的联系，建立有效联动机制，不断提升搬迁带来的生态效益。

在国家相关法规和标准的基础上，省级政府应为建立生态补偿机制提供政策引导，尤其要根据少数民族地区、连片特困地区、生态脆弱敏感地区的实际情况做好综合平衡，科学合理地确定各地的生态补偿重点和范围。加大力度推进碳汇造林项目，做到既坚守生态红线，又使生态移民受益。通过造林、再造林、森林管理、减少毁林等活动，进一步扩大

易地扶贫搬迁生态修复成效。在现行规范下，构建合理机制扩大生态补偿范围，推动低碳经济、生态产业发展，运用市场化手段，通过环境交易平台，将环境权益“价格化”和“价值化”，从而促进节能减排，也增加搬迁农户收入。

3. 基于迁出地生态环境现状和资源禀赋条件，因地制宜制定和细化迁出地经济发展、生态保护策略

对于林业资源丰富，耕种资源紧张的区域，如黔东南州，可以充分应用公益林保护和补偿政策，同时加强政府引导，依托特色园区和各类企业集约化利用山林地资源，开展包括规模化的林下养殖、野生菌种植、园艺林木培育等项目，提高山地特色农业产值，实现生态和经济的协调发展。对于土地资源优良，有一定产业基础的区域，如铜仁市和遵义市的部分地区，应该积极在现有基础上增强政策倾斜，进一步在金融资助、产业发展、土地管理等环节给予政策优惠，发挥政策合力，提高惠农政策效果，推进土地规模经营。对于生态环境脆弱不适宜人居住的地区，如黔西南州三宝乡、原麻山乡、百口乡等地区，则应该开展以恢复植被、增加森林面积为主的退耕还林还草、天然林保护等生态改善工作，在生态修复基础上发展林业产业。遵照“依法、自愿、有偿”原则，采取成立股份制的农林开发有限公司，建立专业合作社，通过大户承包等多种形式，引导易地扶贫搬迁区域村民转让土地经营权，同时要创新工作思维，按照搬迁户的意愿将土地的承包权与经营权分离，把搬迁户在迁出区承包的集体土地和自留地，综合折算成股份，参与按股分红，完善“人走权不走、人移利不移”的利益分配机制，增强易地扶贫搬迁后续发展的经济基础。

4. 用足土地管理政策，提高旧房拆除复垦复绿价值

易地扶贫搬迁重要的后续工作之一就是拆旧复垦迁出区土地，旧房拆除复垦在增加迁出地林草覆盖度的同时，也降低农户回乡生产概率，对迁出区生态恢复具有较为积极的意义。“十三五”期间贵州省搬迁农户 42.34 万户，通过验收实施旧房拆除复垦农户 22.25 万户，旧房拆除占比为 52.55%，除去部分政策性可不拆除旧房以外，大部分应该拆除旧房均已经拆除复垦复绿，复垦复绿面积为 63500 亩，户均复垦复绿面积达 99.99m^2，旧房拆除复垦复绿取得相当显著的成绩。

宅基地作为农户的重要财产，其腾退和复垦受多方面因素综合影响。易地扶贫搬迁迁出区旧房拆除复垦，盘活宅基地，需要进一步挖掘土地政策，增强增减挂钩等政策对易地扶贫搬迁旧房拆除复垦的支持力度，提升旧房拆除复垦复绿价值。全省实现复垦耕地指标用于城乡建设用地增减挂钩面积 6353 亩，占复垦面积 10.01%，产生收益 10.75 亿元，收效明显。积极利用目前编制新一轮国土空间规划的契机，统筹考虑迁出地自然资源利用与生态环境保护，并与村庄规划充分衔接，实现宅基地拆除复垦复绿农用地有效利用。全面完成迁出地应拆旧房复垦复绿验收工作，加快纳入城乡建设用地增减挂钩指标支持易地扶贫搬迁，同时向上争取该政策的适当延续，让百姓腾出的宅基地彰显更高的经济价值。

5. 增强重点区域生态保护，构筑生态保护屏障

贵州是长江、珠江上游的生态屏障，后续应该重视长江、珠江上游生态环境脆弱地区

生态修复，易地扶贫搬迁迁出地的治理应结合自然保护区、生态功能区、地质灾害敏感区的功能定位协同推进。例如，望谟县麻山乡大部分处于石漠化重度敏感区，地处珠江上游，贵州省委省政府以非凡的魄力对其实施“整乡搬迁”，经过近两年的恢复，麻山乡的石漠化敏感度均值已经由原来的 5.5 降低至 4.5。另外，松桃县乌罗镇对梵净山自然保护区内农户实施全面搬迁，实现保护区范围内基本没有人为扰动，促进了梵净山国家级自然保护区的发展。现有易地扶贫搬迁工作在改善区域生态环境尤其是石漠化敏感区、生态保护区等重点区域生态环境方面，取得较为明显成绩。

现阶段迁出区生态保护工作已经取得一定成就，还需要统筹完善迁出区尤其是重点区域的生态保护体系。政府部门需要抓紧完善有利于生态保护的政策体系，同时注重保障体系的实施与完善，重视与区域石漠化治理、水土流失治理、自然保护区生态保护等总体规划工作的协同推进，将易地扶贫搬迁工作融入各项生态保护工作中，并形成政策，保障易地扶贫搬迁对区域生态环境的保护效果。

6. 总结提炼贵州模式与经验路径，加强宣传交流

开展“十三五”易地扶贫搬迁经验总结。贵州省作为全国脱贫攻坚主战场之一，在推进易地扶贫搬迁的过程中不断探索创新，打造了易地扶贫搬迁的“贵州样板”，取得了非常积极的工作成效，接下来还要再接再厉坚定做好易地扶贫搬迁“后半篇文章”，在进行工作成效总结和开展易地扶贫搬迁“回头看”的过程中，加强对易地扶贫搬迁后续扶持特别是“三块地”盘活促进生态产业发展与生态恢复的典型经验路径的总结，加快论证提炼形成可推广、可复制的“贵州经验”，指导后续扶持工作产出更广泛的生态效益。

同时加强宣传交流。充分利用新型媒体和传播手段，加大易地扶贫搬迁后续扶持“三块地”盘活工作成效宣传力度，推介地方好做法好经验，将“贵州经验”传递出去，将“他山之石”吸纳进来，充分促进地区之间后续扶持工作的交流与协作，在保护好易地扶贫搬迁迁出地生态资源的同时，以绿色、可持续的发展方式更好地发展易地扶贫搬迁迁出地的生态产业，努力提升区域生态产品供给能力，找准生态产品价值实现的有效途径，在易地扶贫搬迁后续扶持工作之中持续践行“绿水青山就是金山银山”的习近平生态文明思想。

第八章 贵州大生态产业助推生态文明建设路径研究

党中央国务院高度重视生态建设和绿色发展，党的十九大将“坚持人与自然和谐共生”纳入新时代坚持和发展中国特色社会主义的基本方略，将建设生态文明提升为“中华民族永续发展的千年大计”，提出要牢固树立和践行“绿水青山就是金山银山”的理念，坚持节约资源和保护环境的基本国策，加强生态环境保护，形成绿色发展方式和生活方式，坚定走生产发展、生活富裕、生态良好的文明发展道路，建设美丽中国。

中共贵州省委、贵州省人民政府先后印发《关于推进绿色发展建设生态文明的意见》(黔党发〔2016〕19 号)、《贵州省贯彻落实中共中央、国务院关于完善主体功能区战略和制度的若干意见实施方案》(黔党发〔2018〕5 号)、《关于加强四个方面研究的方案》等文件，要求在守住“绿水青山”底线的同时加快推动绿色发展，构建具有贵州特色的绿色、生态产业体系。2018 年，贵州省发展和改革委员会组织开展“贵州省大生态产业链研究”，本章内容是通过课题调研、数据整理分析形成的部分成果。

按照新时代生态文明建设的要求，深入贯彻新发展理念，基于生态产业理论，依据《贵州省绿色经济“四型”产业发展引导目录(试行)》的公告，开展贵州省大生态产业链研究，大力推动绿色发展，构建具有贵州特色的绿色产业体系。按照“四型”产业的划分研究在省国民经济增加值中占地区生产总值的比例较高的，在全省大生态战略中作为主导产业发展的 8 种产业类型(生态利用型的现代山地特色高效农业、山地旅游业、大健康医药产业、生态林业产业、循环高效型的绿色轻工业、低碳清洁型的清洁能源产业、新能源汽车产业及环境治理型的节能环保产业)。进行重点研究，着重分析梳理以上产业的发展现状、产业链模式、核心产品及产业链上下游、配套等方面存在的问题，并针对性地提出切实有效的引进和改造的措施和建议，以期为全省产业发展转型，加快构建生态产业体系与布局，探索既体现生态效益又体现经济效益的产业结构优化发展之路提供理论支撑。

第一节 贵州大生态产业发展现状

2021 年，贵州省地区生产总值 19586.42 亿元，比上年增长 8.1%。其中，第一产业增加值 2730.92 亿元，增长 7.7%；第二产业增加值 6984.70 亿元，增长 9.4%；第三产业增加值 9870.80 亿元，增长 7.3%。第一产业增加值占地区生产总值的比重为 13.9%，比上年下降 0.3 个百分点；第二产业增加值占地区生产总值的比重为 35.7%，比上年提高 0.6 个百分点；第三产业增加值占地区生产总值的比重为 50.4%，比上年下降 0.3 个百分点。人均地区生产总值 50808 元，比上年增长 8.0%。

一、现代山地特色高效农业发展现状

贵州省积极推进农业结构调整，大力发展茶叶、中药材、精品水果、蔬菜、生态畜牧业等特色优势产业，“十三五”期间，农业产业结构进一步优化。茶、辣椒、薏苡、火龙果和刺梨种植规模居全国首位，马铃薯种植规模居全国第二位，中药材、荞麦种植规模居全国第三位，蓝莓种植规模和大鲵存池数居全国第四位，贵州省已成为全国以夏秋蔬菜为主的产业大省之一。生产规模不断扩大、区域布局开始形成、产业体系逐步完善、质量水平稳步提高、经济效益不断增长的良好格局，在探索山区现代农业建设路径和发展模式上取得明显成效。

二、林业产业发展现状

“十三五”期间，贵州省以“创新、协调、绿色、开放、共享”发展理念为引领，大力建设林业产业保障生态体系。完成贵州省自然保护地现状和问题调查评估、地方级自然保护地整合优化规则制订、各类地方级自然保护地保护价值科学评价等工作，统筹安排贵州省自然保护地的补划、矿业权处置、整合优化成果的部门审查，与贵州省自然资源厅联合上报《全省自然保护地整合优化预案》。2021 年，贵州省完成营造林 24.07 万 hm^2，草原生态修复 2.046 万 hm^2，石漠化综合治理 $640km^2$，森林覆盖率达到 62.12%，草原综合植被盖度达到 88.5%，森林生态服务功能价值达到 8783 亿元/年。完成特色林业产业基地建设 19.47 万 hm^2，林下经济利用林地面积达到 186.67 万 hm^2，建设国家储备林 14.33 万 hm^2，贵州省林业产业总产值达到 3719 亿元，省级林业龙头企业达 254 家。贵州省林下经济发展面积达 186.67 万 hm^2，加工转化率达 55.3%。完成竹子、油茶、花椒、皂角特色林业产业基地新造和改培 19.47 万 hm^2，核桃改培 1.73 万 hm^2，菌材林改培 2.33 万 hm^2。成功打造赤水、玉屏两个国家级林业产业示范园区。编制印发《贵州省主要经济林树种低产林界定及改造措施(试行)》《贵州省低产林改造项目评价技术指南(试行)》《贵州省主要特色林业树种种植基地建设指南(试行)》，为森林经营提供技术支撑。指导黎平县石井山林场、三都水族自治县国有林场完成全国森林经营试点任务 0.08 万 hm^2。贵州省实施森林质量精准提升 19.77 万 hm^2，其中，森林抚育 4 万 hm^2，低产低效林改造 13.96 万 hm^2，退化林修复 1.46 万 hm^2，木材战略储备基地建设 0.26 万 hm^2，国家特殊及珍稀林木培育 0.09 万 hm^2。新建国家级林木种质资源库 2 个，省级林木种质资源库 4 个，贵州省林木种质资源普查全面完成。新增审(认)定林草良种 14 个。

三、山地旅游业发展现状

山地旅游是贵州旅游业的基本定位，当前，贵州正以“旅游+”思维全力推进全域旅游发展，着力打造“山地公园省 • 多彩贵州风”旅游品牌，努力建设世界知名山地旅游目的地，加快发展旅游大产业，实现现代山地旅游“井喷式”发展目标。

根据《贵州省“十三五”旅游业发展规划》，贵州省围绕构建“山地公园省 • 多彩贵州风”，加快构建“十区、四带”为重点的全域化山地旅游发展新格局，“一心、八枢纽、五十节点城镇、七十特色小镇”特色旅游城镇体系，形成20余条省内环行及联通省内外的重点精品线路，实现旅游全域化发展。

四、其他大生态产业发展现状

其他大生态产业主要包括大健康医药产业、绿色轻工业、清洁能源产业、新能源汽车产业、节能环保服务业五类产业。

（一）大健康医药产业

《贵州省“十三五”战略性新兴产业发展规划》明确指出国家苗药工程技术研究中心、西南民族药新型制剂等6个国家地方联合工程研究中心（工程实验室）落户贵州省；益佰、百灵、景峰、信邦、汉方、神奇、同济堂等一批重点企业成为“全国制药500强”，国药集团等一批知名企业进驻贵州省；艾迪注射液、参芎葡萄糖注射液、仙灵骨葆胶囊等产品的行业领导品牌地位得到巩固。

（二）绿色轻工业

贵州轻工业主要以酒酿造和烟草生产为主，其中，酿酒工业主要分布在遵义、金沙、镇远等市县；贵州省的四大优质烟叶产区为：遵义市、毕节市、铜仁市、黔西南州，其排序依据是烤烟的种植面积、烤烟的收购计划和烤烟的产量；从烟叶的销售情况来看，最近几年毕节皆列全省第一。酒类行业保持第一支柱行业地位。

（三）清洁能源产业

清洁能源，即绿色能源，是指不排放污染物、能够直接用于生产生活的能源，包括核能和可再生能源。可再生能源是指原材料可以再生的能源，如水力发电、风力发电、太阳能、生物能（沼气）、地热能（包括地源和水源）、海潮能等。可再生能源不存在能源耗竭的可能。

根据《贵州省“十三五”战略性新兴产业发展规划》，积极推进太阳能、地热能、煤层气、页岩气资源开发利用技术和先进储能技术的研发及试验示范，加快发展风能、太阳能、生物质能、地热能、核能、压缩空气储能和分布式能源、页岩气、煤层气。

第二节　贵州大生态产业链现状及优化建议

一、现代山地特色高效农业产业

通过重点研究生态利用型产业中现代山地特色高效农业的主导产业——茶产业、蔬菜产业、食用菌产业和特色粮食产业的产业链结构及相关企业存在的问题，提出完善产业链的建议。

（一）茶产业链模式

1. 茶产业链分类

第一类产业链：集育苗、种植、加工、产品研发、销售、茶旅一体旅游景区打造、庄园经济、茶文化建设于一体的产业链。

第二类产业链：以“政府+龙头企业+农户+园区”模式，形成的有机茶种植、产品研发、有机茶销售、出口、产业园区建设、旅游为一体的产业链。

第三类产业链：以“合作社+公司+农户+基地”模式发展的种养一体化的生产链条，包括茶叶种植、生猪养殖、茶叶加工、产品研发、销售。

第四类产业链：以“合作社+农户+基地”模式，形成引苗种植、茶叶粗加工、销售为一体的产业链。

2. 存在的问题

(1) 茶叶深加工及产品研发依然滞后。无论是大型企业还是小微型企业在加工茶叶深加工终端产品开发仍然滞后，茶产业转型升级作用还不明显。夏秋茶资源没有得到充分利用。

(2) 小微型企业的品牌建设中茶文化内涵体现不足。加强对小微型企业种植、加工和产品品牌建设的管理，尤其是品牌打造，小微型企业在品牌打造上需要专业团队设计，否则小微型企业的产品将影响贵州省茶产业品牌。

(3) 组织化程度与产业化需求尚有距离。茶叶栽培主要以农户为单位分散进行。除规模企业外，多数茶叶加工点设施老化，无法满足现代化、标准化、清洁化、自动化等生产要求，不利于市场竞争。组织化水平低的茶园管理和作坊式茶叶加工是茶产品质量安全的重要隐患。

(4) 季节性劳动力短缺。随着农村城镇化的加快，茶季劳动力短缺问题将更加突出，生产成本也呈上升趋势。

3. 产业链优化建议

(1) 加强打造茶文化系列品牌。依托重点品牌，大小企业技术合作共创贵州品牌建设。鼓励支持和引导龙头企业通过兼并重组、市场融资、连锁加盟等方式组建茶叶生产、加工、销售集团，做大做强品牌企业。

(2) 加大招商引资力度。以茶叶园区为平台，以项目建设为抓手，优化招商引资环境，全面推进以商招商、茶事活动招商，借助全国知名茶商加速黔茶推广。

(3) 打造茶文化–旅游一体化。以茶文化为中心，与地方旅游及产品整体开发。不同旅游线路之间在内容和形式上各具特色；同时配套茶旅游的体验、食宿、购物等相关环节。

(4) 加强技术研发，延伸产业链。引进先进企业，加快推进资源纵深利用，推进茶汁、茶枝的综合利用技术研发。将茶渣回收循环利用。

（二）蔬菜产业链

1. 蔬菜产业链发展模式与结构

(1) 蔬菜养殖一体化发展模式。按照“猪+沼+菜+猪”的生态循环发展模式在整个自然村寨内布局建设无公害绿色蔬菜基地和无抗生猪养殖园，建立种植、养殖、加工、销售、旅游为一体的三产融合发展的全产业链企业；企业自行培育蔬菜种，蔬菜均为有机产品；在生产和销售上，按照工厂化的思想管理农业，运用农业物联网和质量溯源系统，保障生产安全，质量可追溯；产品出售主要是采用“基地+直营门店+电商”模式，开设优菜优生活社区农产品直营门店，减少中间环节，同时还在沿海城市建立自有的销售渠道，为打造贵州山地特色蔬菜领军品牌奠定了坚实的基础。

(2) 以一带多、自动化融合模式。该模式以公司+农户的运作模式经营，种子免费发放给农户，公司为农户提供种植技术支撑，结合植保超低空低量施药、农田土壤重金属污染钝化修复等技术对农场蔬菜进行种植管理。销售产品中 2/3 的蔬菜省内销售，通过批发商供销。公司应用无公害栽培技术开发新品种蔬菜，在农副产品的包装、储存等方面采用先进技术，对自产产品实行售后服务，实现蔬菜产业链的一条龙服务。

(3) 蔬菜产业链结构。贵州蔬菜产业可按初、中、高级划分产业链（图 8-1 和图 8-2）。

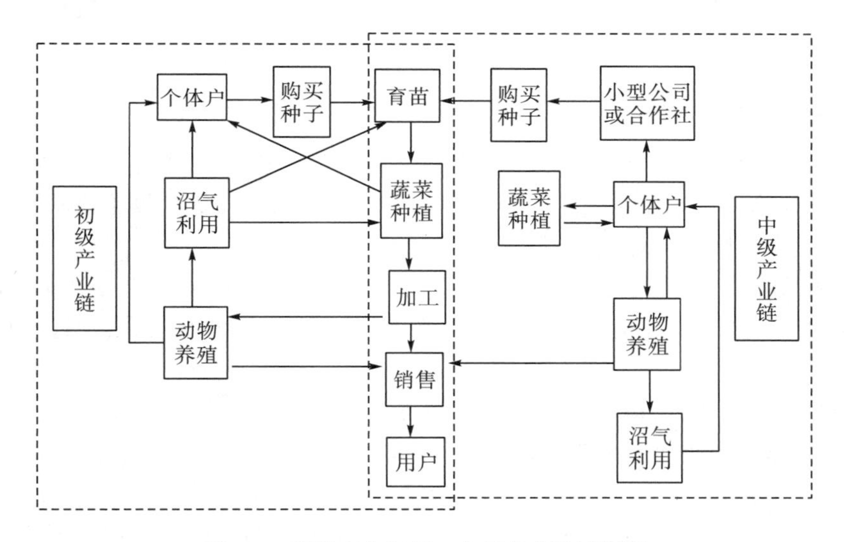

图 8-1　蔬菜产业初级、中级产业链流程图

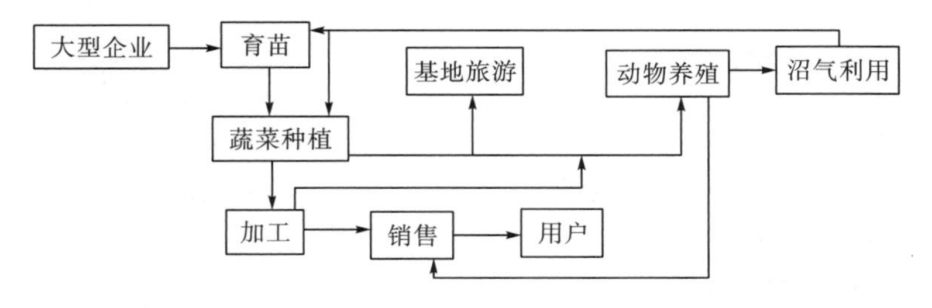

图 8-2　蔬菜产业高级产业链流程图

初级产业链主要是针对小型农户种植，包括购种、种植、加工、销售等环节，购种环节中农户购种渠道主要是购买当地农贸市场中所销售的蔬菜种；种植环节包括农户对蔬菜的播种、施肥、浇灌、管理等过程；加工过程主要是农户对蔬菜进行挑选。

中级产业链主要是针对小型公司合作社的蔬菜种植，产业链主要包括育苗、种植、加工、销售等环节。

高级产业链主要针对具有循环生态系统的大型企业的蔬菜种植。产业链主要包括育苗、种植、加工、销售、动物养殖、沼气利用(主要用于土壤增肥)、基地旅游等环节。

2. 存在问题

(1)产业链较短，产品配套设施不完善。种植企业基本上都存在灌溉系统不完善的问题，蔬菜产业链短、产前物资技术配套和产后商品化处理等产业配套能力弱，蔬菜生产基地基础设施还需加强。

(2)农户生产比较分散，种植组织化程度较低。蔬菜生产主要是家庭承包分散经营，与大市场、大流通无法对接，生产管理、技术推广人才缺乏，分散的生产者造成质量监管难度大，导致规模效益低，抵御市场风险的能力弱。

(3)品牌建设不足，产业技术推广力度较小。贵州省蔬菜种植面积广，种类繁多，但是目前仅有辣椒形成了品牌，有核心产品。产品附加值不高，生态产品到生态产业的转化发展空间较大。

3. 产业链优化建议

(1)优化区域布局、完善产品结构。依托高速公路与快速铁路周边大力发展特色品种和专用型品种，做实“一村一品”“一乡一业”，在城市郊区提高设施化栽培水平，将蔬菜产业与现代农业展示、观光休闲农业结合。

(2)加强品牌培育，打造山地特色蔬菜产业。鼓励注册登记商标，支持企业创国家级、省级知名品牌、商标，培育蔬菜名牌。积极拓宽国际市场，力争出口实现订单种植，强化营销水平。

(3)增加蔬菜副食品加工生产环节。蔬菜冷库保鲜期一般为10～20天，加工干菜不易被市场接受，建议企业增加蔬菜副食品品种，保证蔬菜的最大程度利用。

(4)健全生态产品价值实现机制，形成有序的生态产品市场体系。在生态产品的市场体系建设上，创设生态产品及其衍生品交易市场，建设有效的价格发现与形成机制，形成统一、开放、竞争、有序的生态产品市场体系。

(三)食用菌产业链

1. 食用菌产业链结构

目前，贵州省食用菌产业包括菌种培育、大棚建设、种植、加工、销售等环节，以“龙头企业(合作社)+基地+农户”的模式，形成园区基地与农户生产、龙头企业(合作社)与农户有效衔接一体化的产业发展链条。

2. 存在的问题

总体来说贵州省食用菌产业，在基础设施建设、食用菌培育、野生菌种保护与开发、产业布局、产品销售、科技支撑、专业人才、资金等方面均存在问题。

(1)大棚建设标准低。菌种生产设施设备、菌棚、栽培架等设施简陋，基础设施很难跟上规模化生产的需要。且灌溉设施、排水沟渠、道路等基础设施不够完善，控制光、温、气、水的能力弱，从而影响贵州省食用菌产业的良性发展。

(2)食用菌培育不规范。菌种生产及供应体系不健全，菌种生产企业及生产管理规范缺乏，菌种质量得不到保证。

(3)野生菌种保护与开发不健全。野生菌保护与开发工作还有一定差距。贵州省的食用菌野生资源丰富，但除竹荪、冬荪等品种外基本没有开发利用，菌种开发潜力巨大。

(4)科技支撑能力不足。科技创新、研发能力还相当薄弱。菌种研发、菌种和菌包生产技术相对滞后，生产及加工标准缺乏，产业链不够完善。野生菌种筛选、品种选育力量薄弱，人工接种技术及仿野生栽培技术还有待提高。

(5)资金投入大。食用菌产业在大棚建设、技术研发等方面均需要大量资金的投入，目前部分产业因为资金问题，建设的大棚标准低，导致产量低，资金回收慢，产业发展不畅。

3. 产业链优化建议

(1)加快菌种繁育体系建设。建立省级食用菌菌种研发中心，配套母种和原种生产基地，在主产区建立栽培种生产供应基地，形成由菌种研发到母种、原种和栽培种配套完整的菌种生产体系。

(2)完善规模化、标准化基地建设。在规模化基地配套菌棒(包、块)生产车间及培养室、生产棚室，配套建设运输和生产便道、供水设施和管网、供电设施和线路。配套完善采后预冷、保鲜库、干燥及废菌渣资源化利用、检验检测等设施设备。

(3)提高食用菌产品深加工能力。改善食用菌加工、包装等设施装备条件，开发食用菌预制菜肴、功能性食品、休闲食品等精加工产品，促进菌旅融合，拓展产业功能，发展观光休闲农业、体验农业、创意农业和精致农业延伸食用菌产业链。

(4)加大资金投入。采用公私合作(public-private partership，PPP)模式，带动信贷资金、民间资本、企业资本等社会资本投入产业建设，形成多渠道投入体系和长效机制，解决食用菌产业投入高的问题。

(四)特色粮食产业链

对于特色粮食产业链，贵州省的优势作物重点布局品种有马铃薯、薏苡、高粱、荞麦等。特色粮食产业以“龙头企业(合作社)+基地+农户”的模式初步形成了集种植—加工—产品研发—销售—田园生态旅游小镇打造为一体的产业发展链条。

1. 存在的问题

(1)种植基地建设滞后。种植基地规模化程度不高，基础设施不完善，运营管理组织化、集约化程度低，辐射范围小，示范带动作用还不明显。

(2) 加工能力低，龙头企业少。种植农民专业合作社、加工企业较多，龙头企业在政府的引导下对其产业进行带动发展，但带动力度不够强。

(3) 科技支撑力度不够。缺乏强有力的科技作支撑。深入研究的专门科研人员较少，在地方种植资源收集、保护，优良品种选育，高产、高效、安全配套栽培技术，深加工等方面研究力度不够。

(4) 市场化程度低。存在小规模种植和粗加工现象，不能适应农业产业化发展的要求，受市场冲击大，产业化程度有待提高。

2. 特色粮食产业链优化建议

(1) 积极推行标准化生产。建设优质高产、生态有机的种植基地，推行农产品标识制度，使用原产地标识、地理标志、基地标牌、认证产品标志等法定标志，企业实行准入准出制。

(2) 加快推进品牌建设。按照“三品一标”的要求，加强品牌建设，注册商标，培育系列产品，整合各种生产要素，形成资源共享。

(3) 科技支撑体系建设。建立相对完善的科技支撑体系建设，开展高产栽培技术、新品种选育、新产品的开发和资源综合利用的研究，加强新技术的推广应用和成果转化。成立开发推广中心、推广技术服务中心和种质资源库等。

(4) 加强市场扩展。在产业建设过程中，在抓好基地建设、产品加工、市场营销的同时，更加注重文化建设，打造企业文化，采取多种形式扩大产品宣传面，营造特色产品氛围。

二、生态林业产业链

重点研究生态利用型产业中林业产业的主导产业：刺梨产业、花卉苗木产业的产业链结构、相关企业、存在的问题，提出完善产业链的建议。本书以刺梨产业链为例说明。

目前贵州省刺梨产业包括育苗、种植、加工、销售等环节，以“龙头企业+基地+合作社+农户”的模式，形成农工商贸一体化的刺梨产业发展链条。

1. 存在问题

(1) 刺梨产业链短，产品附加值有待提高。目前刺梨产业链属于种植-加工-销售的传统模式，产业发展存在粗放、小规模、加工企业作坊式发展特点，产品附加值有待提高。

(2) 上游种植管护差，产量低。例如，龙里县刺梨的亩产量为300～400kg，按照标准化种植的产量，从源头加强管护，刺梨亩产量可以达到1t，因此提高种植技术，产量有很大的上升空间。

(3) 中游产品加工设备使用率低，资金回报周期长。建设一条2万t的生产线，土地、厂房和设备共投资1.1亿元，其中设备投资4000万元，每年仅在果实成熟后工作40天，设备的使用具有较强的周期性，造成设备闲置，3～4年后才能收回成本产生效益。

(4) 下游销售市场空间未完全打开。市场前景较小，产品推广不足，按照现有的市场销售份额，若不断地扩大种植面积，3～4年之内会出现市场供大于求现象。

2. 产业链优化建议

(1) 加大科技支撑，提高产品附加值。解决刺梨及加工食品保质保鲜、储藏、口感改善等技术难题，加大无籽刺梨生产加工企业和种植基地的科技支撑，提高产品附加值，延长产业链。

(2) 借助区块链和大数据技术加大品牌宣传和营销力度。构建刺梨产品专售渠道，促进产品流通。培育和加大品牌宣传，通过电子商务、博览会、展销会及专题节目、商业广告等形式，加大品牌宣传力度，提高贵州省刺梨产品市场竞争力。借助互联网进行快速发展，实现黔货出山，借助区块链和大数据，将刺梨推向全国乃至全球市场。借鉴茶产业发展模式，在黔南州建设刺梨产品交易中心。

(3) 下游发展刺梨特色乡村旅游，延伸产业链。开展以刺梨为主题的乡村旅游，丰富刺梨产业发展内涵，如十里刺梨沟。打造“种植布局—产品研发—深加工—销售—乡村旅游”产业链模式。

(4) 与其他果品加工业整合，提高加工生产线的使用率，缩短企业资金回收周期。针对加工线使用率的问题，建议政府层面统筹资源，整合其他产业，在无刺梨加工期可加工其他产品，共用生产线。

(5) 完善冷链物流，延长鲜果保质期。针对刺梨鲜果仅能保存 6～7 天的问题，建议完善冷链物流、保鲜仓储等技术，延长刺梨鲜果的保质期，同时整合周边其他果品资源，共用冷链设备。

3. 贵州省林产业链优化建议

(1) 加强林产品及林下产品深加工。在培育观赏苗木及建筑木材的同时，着眼苗木垂直产业链的开发，加强规模化、规范化、市场化运营。同时，加大经济林基地的建设，并充分利用资源优势，使种植、养殖、森林旅游等成为林区新的经济增长点，这样可以在保护的基础上，带动当地农民实现增收。

(2) 打造林产品品牌。挖掘林产品深加工技术，丰富产品形式，与旅游活动结合，开发为旅游产品，扩大影响力，增加企业竞争力，打造贵州林产品品牌。促进林产品企业以提高质量、效益和竞争力为中心，强化品牌引领升级，广泛开展质量提升行动在高品质、别具一格、领先策略、整体营销力、丰富文化等方面打造属于贵州的品牌形象。

(3) 完善冷链物流，延长鲜果保质期。完善冷链物流、保鲜仓储等技术，延长刺梨鲜果的保质期，整合周边其他果品资源，共用冷链设备。同时加强与科研院所的技术实验，延长鲜果保质期，开拓鲜果市场。

三、山地旅游业产业链

(一) 山地旅游产业链发展模式

旅游产业是一个多行业的综合构成，贵州立足“山地公园省”资源优势，构成完整的山地生态旅游产业链。旅游模式多元化，不同旅游模式存在着不同的产业链条。本书将贵州省旅游业归纳为自然景观旅游、文旅(文化旅游)一体化、农旅(农业旅游)一体化、科旅(科普旅游)一体化、工旅(工业旅游)一体化5种产业链条模式。

1. 自然景观旅游产业链发展模式

该类型以自然景观欣赏为主，包括世界自然遗产地、国家级自然保护区、国家级风景名胜区、国家地质公园、国家级森林公园等，旅游者通过与自然接近，达到了解自然、享受自然资源生态功能的好处，是提高人民保护生态环境意识的有效方式之一。

(1)产业链条。探寻区域观赏、科学、文化价值，做出总体规划，预留出居民区发展空间，分级保护景区生态，优化重点景区，拓展旅游产品。

(2)核心产品。通过景区带动周边的游客咨询引导、自然科学知识科普、餐饮服务、游乐休憩、酒店住宿、旅游特色产品售卖等一系列业态设施。

2. 文旅一体化产业链

贵州省境内人文资源数不胜数，名胜古迹数量众多，省内居住着47个少数民族，其中22个为世居少数民族，各民族文化特色鲜明，能够通过民族习俗、民族服饰以及民族舞蹈展现出来，形成了许多知名人文游景点，如遵义会议会址、镇远古城、青岩古镇、海龙囤遗址、赫章可乐遗址、肇兴侗寨、天龙屯堡、西江苗寨、云舍古寨、岜沙苗寨等。也形成了基于民族文化发展打造“旅游+民族文化”文旅一体化的旅游产业链条。

(1)核心产品。核心产品包括民俗风情、民俗文化、民间绝活、民间技艺、特色建筑、特色饮食、歌舞表演、山野特产、民族工艺品、民族文化博物馆、民族文化数字体验馆。

(2)产业链条。确定文化类型——进行文化创意及文化展示规划、进行要素整合，开发文化旅游产品与旅游专线，扶持手工制造业，开发体验性旅游产品。

3. 农旅一体化产业链

从20世纪80年代开始，贵州就开始做乡村旅游扶贫相关的实践工作，也逐渐形成了“乡村旅游+农业”农旅一体化的旅游发展模式和产业链，主要包括以自然环境为基础的旅游休闲度假活动；以农家乐为主的小规模乡村游；农旅结合的乡村休憩、农牧果场观光体验、民俗风情文化体验等。

(1)产业链。找准发展方向、采购苗木进行种植——调整结构、配套供应保障、谋划布局农业观光、度假体验、养生养老等业态。

(2)核心产品。核心产品包括乡村田园风光、农家风情、特色民宿、农家饮食、山野特产、乡土工艺品。

(3)经营模式。经营模式有“农户+农户”模式、个体农庄模式、村集体模式、公司制模式、“公司+农户”模式、“公司+村委会+农户”模式、“政府+公司+农户”模式、股份制模式、股份合作制模式。

4. 科旅一体化产业链

科普旅游是国家近年来重点发展的文化产业之一，有利于推进精神文明建设，提高公众科学素质，提升城市品位。贵州省主要的科普旅游景点有贵州省卫星遥感技术应用科普基地、黔东南州高新农业科技园、习水宋窖博物馆、贵州中药民族药标本馆科普基地、石阡县非物质文化博物馆等。

(1)产业链条。依托科技项目，规划建设访客服务中心、教育基地、科普体验场所以及休闲度假住宿综合体等业态，实施线上线下精准营销、景区联盟发展、景区促销奖励办法、品牌创建及监管保护政策，促进区域食、住、行、游、购、娱等各要素在产业链上的合理分工。

(2)核心产品。核心产品包括：科研、科普、旅游、教育、培训、休闲。

(3)经营模式。经营模式有“旅游企业+科普场所”“政府+科普旅游协会+科普场所+旅游企业”“科普场所+旅游服务部”“政府+教育机构+科普场所+旅游企业”。

5. 工旅一体化产业链发展模式

工业旅游起步较晚，但发展很快，呈现出工业旅游资源依托全域化，市场定位拓展大众化，辐射带动效应综合化，旅游产品设计人性化，旅游产业形态集聚化，旅游参与主体多样化等趋势特点。

(1)产业链条。产业链条涉及工业企业、工业园区、工业展示区域、工业历史遗迹以及反映重大事件、体现工业技术成果和科技文明等的载体，制定发展规划，提供具有观赏、研学、展示、休闲、康养、购物等功能的相应旅游设施与服务场所。

(2)核心产品。以企业为主体，通过产品展示系统，展示工业制造流程，推动产业发展和产品售卖。

(3)经营模式。经营模式有工业遗产再利用模式、开放空间模式、综合体发展模式、创意产业园模式、旅游度假地模式、工业特色小镇模式。

(二)存在的问题

(1)景区规划和监管机制有待完善。部分旅游资源在开发的过程中由于相关规划和监管工作不到位，导致生态环境受到不同程度的破坏。

(2)缺乏与旅游资源匹配的综合旅游购物场所。特色旅游商品的品类、品种还不足，品质还不高，品牌还很少。而且大部分旅游产品的消费网点散、营销弱、商品单调。存在旅游商品与旅游产业游离、旅游商品与旅游市场脱节、旅游商品与旅游营销结合不深等问题。

(3)生态产业链的融合发展力度较差。生态旅游资源、旅游设施和旅游服务之间还没有达到最优的整合。大部分景区“旅游+”生态产业模式尚未做出一张完整的明信片，该模式的上中下游之间衔接不够深入，缺乏大型旅游企业集团和旅游要素企业。

(三)产业链优化建议

(1)注重产业融合发展与转型升级。加强以优质旅游产品为中心的产业链的构建，不依赖单纯山水景观和人文特色，旅游规划理念以品牌和营销为导向，连接旅游产业链中的各个核心要素。

(2)加大各级政府对全域山地旅游资源保护与开发能力。鼓励发展大型旅游企业集团和旅游要素企业，重点培育扶持一批旅游交通运输、旅行社、旅游景区、旅游购物、餐饮和旅游娱乐等专业型骨干旅游企业，推动品牌化管理、连锁化经营、人性化服务和特色化发展，并在产业链外部起监督、促进作用。

(3) 加强山地旅游生态资源管理。在山地旅游资源产权改革、资源与环境承载力核定、资源适度开发等方面，加强山地旅游资源管理体制机制改革研究。并结合国家公园体制改革研究，从资源管理的角度增强山地旅游资源利用的可持续性。

(4) 提高山地旅游产业的人才队伍建设。提高人才队伍的素质，培养山地旅游产业的高、精、专人才，合理调整人才结构和布局，培养掌握高科技、善于经营管理的优秀人才，制定人才引进政策，推动山地旅游产业的高效发展，提高山地旅游产业的科技含量，扩大产业融合发展规模。

(5) 重视旅游产品的开发创新，明确特色定位。重视旅游商品研究开发，设立旅游商品发展专项基金，成立专门的旅游商品设计研发机构，加大保护旅游商品知识产权，大力推进产学研结合，及时转化研究成果。与大型旅游商品企业合作，并由龙头企业带动区域化旅游商品的品牌建设。加快引进高端人才与现有人才培养，完善人才激励机制，积极推进年薪制、技术入股等，为研发人才成长搭建平台。

(6) 整合完善旅游购物场所，规范服务管理，完善营销网络。加强服务管理、丰富旅游商品的销售地点和方式，延伸购物后的服务，满足游客全方位需要。在主要景区、景点建立标准化旅游商品专卖店，统一标识，统一装潢，统一价格。依托网络资源，与线上平台合作，提供专业的旅游一站式服务，推动特色旅游商品不断提档升级，打造成为全国性品牌。

四、大健康医药产业

在医药行业产业链中，原料、化学制剂等生产企业属于上游企业，医药批发类等医药流通企业属于中游企业，医疗机构等销售终端属于下游企业。

1. 存在的问题

上游企业投资见效周期较长，原材料供应稳定性受到影响。药材的培育、生长、收获是一个长期过程，整体见效速率偏慢，同时还受到市场价格环境等因素影响，上游企业药材育苗、种植周期较长，影响产量。

中药材加工方式粗放，产品附加值偏低。中药材加工方式粗放，产品附加值较低，且贵州省缺少全国性中药材加工龙头企业；缺少健全的中药材交易市场，造成中药材产业有药无市的尴尬局面。

市场布局不够健全，医疗设备推广存在困难。高端医疗设备价格昂贵，推广比较难。同时，各级医疗设备的初步布设尚未完成，精准医疗、分级诊疗服务还未得到全面推广。

2. 优化建议

(1) 集中资金提升研发力度，提高中药材产品附加值。加大资金和科技投入，引进中药材深加工龙头企业，提高中药材产品附加值。

(2) 健全中药材交易市场，掌握资源调配主动权。建立药材交易中心，引导和培育一批有实力的经营户走企业化道路，组成集资金、人才、资源、信息为一体的全国性中药材专业市场。

(3) 强化信息合作，推动分级诊疗实施。下游医疗机构加强与高新信息产业的合作，积极构建大数据支撑的多级问诊网，另一方面需要政府加大医疗投入，通过为县级或乡镇级医疗机构购置医疗器械，推动惠及全民的精准医疗、分级诊疗的实现。

五、清洁能源产业

(一) 风能产业

1. 产业链

风电产业链包括风机零部件制造、风机制造及风电场的运营三大环节。

(1) 风机零部件制造。贵州省风电产业的风机零部件制造主要是通过引进省外的机械，如上海电器、江苏电器等。

(2) 风机制造。贵州省风电产业的风机制造主要是通过引进省外的机械，如上海、重庆、沈阳、陕西等地。

(3) 风电场运营。贵州省风电场的运营主要是省内风电场的工作人员以及省外聘请的相关风电方面的技术人员。

2. 存在问题

风能资源评估工作相对滞后，影响风能产业链发展。风电能市场保障机制不够完善，直接影响产业的投资、生产、出售。风电能产业的自主研发能力和产业体系相对薄弱，不能有效掌握市场主动权。

3. 发展建议

基于现阶段风电能发展现状，建立保障机制及相关保障政策，保障产业的健康可持续发展。加强人才队伍建设，构建产业人才体系，推动产业可持续发展。结合市场环境，积极推进分散式风电开发。

(二) 太阳能光伏产业

1. 产业链

光伏产业链包括硅料、铸锭(拉棒)、切片、电池片、电池组件、应用系统 6 个环节。

(1) 太阳能电池板的原料硅片和晶体硅原料的生产。这一产业在我国属于垄断行业，主要是江西赛维 LDK 太阳能高科技有限公司制造，也可以分为晶体硅生产和晶体硅提纯，之后的流程有生产硅片、切割硅片、硅片制绒(提高电池对光的吸收作用)等。

(2) 晶硅电池片的生产。将晶硅体加工为电池片，是实现光电转化的核心步骤。其次是电池组件的生产，将电池片组装成电池组件，属于劳动密集型产业，是光伏产业链中游的尾端。

(3)光伏系统的应用。包括集中式光伏电站、分布式家庭光伏、光伏路灯、光伏交通信号灯、“光伏+”等多种光伏应用。

2. 存在的问题

太阳能光伏产业照射的能量分布密度小，要占用巨大面积，太阳能光伏产业发展受自然环境因素影响较大，产业发展获得的能源同四季、昼夜及阴晴等气象条件有关。产业发展整体成本偏高，目前相对于火力发电，发电机会成本高。

3. 建议

根据光伏产业特点，全省统筹规划按照“宜大则大、宜小则小”原则，将适合建设的光伏电站、集中连片可安装屋面光伏的村寨进行统一规划。

六、绿色轻工业产业

贵州轻工业以酒酿造和烟草生产为主，其中，酿酒工业主要分布在遵义、金沙、镇远等市县；贵州省的四大优质烟叶产区为：遵义市、毕节市、铜仁市、黔西南州，其排序依据是烤烟的种植面积、烤烟的收购计划和烤烟的产量。

(1)酒生产与加工产业链模式。

①上游原料：高粱、小麦、水、包装材料、生产设备。

②中游生产：高度酒生产、低度酒生产、陈年酒生产等的相关工序。

③下游渠道：通过专卖店、烟酒行、电商、超市等途径销往各地。

(2)烟草产业链主要包括育苗、机耕、植保、采收、烘烤、分级、销售等环节。

(3)存在问题。

①品牌竞争力总体不强，资源有待整合。贵州省除茅台、习酒、国太等大型企业外，大多数品牌销售收入在一亿元以下，仁怀市白酒注册企业有1000余户，其中生产企业350余户，品牌2000余个，窖池5万余个，产能超过40万kL，但大多为小、弱、散企业。

②企业发展环境问题多。一是部分白酒行业投资者反映长期以来贵州省白酒行业实际税负高于周边省区，为降低税负，企业把销售公司、包装车间设在省外。二是企业建议加快建设项目用地、环保等手续审批速度，加快白酒主产区、园区交通等基础设施建设，综合考虑污水、酒糟处理等问题。三是企业反映市场监管力度不够，如茅台集团反映“打假保知”成本高，同类案件省内执法力度弱于省外等。

③企业固定资产投资和流动资金不足现象逐渐凸显。市场走低，库存加大，导致流动资金回笼慢，外来资本投资热情减弱，加之融资渠道不畅等因素，企业固定资产投资和流动资金不足逐渐成为制约企业发展的瓶颈。

(4)优化建议。

①加强品牌建设。做强“贵州茅台”品牌，充分发挥其白酒龙头带动作用，做大茅台系列品牌。打造“贵州白酒”集体品牌，加快申报“贵州白酒”集体商标和“仁怀酱香酒”地理标志，并加大区域品牌推广力度，提升贵州白酒的整体美誉度和竞争力。重点扶

持“贵州十大名酒”等名优白酒品牌，提高品牌酒销售额，扩大品牌影响力。

②加大扶持力度。加快推进白酒工业园区路网、电网等基础设施建设。创新扶持政策，减轻白酒企业税负，支持企业生产经营。加大对白酒企业融资支持，进一步扩大对白酒企业流动资金贷款规模，适当放宽融资条件。设立专项资金支持白酒企业发展，特别是加大对白酒小微生产企业整合力度，通过奖励、补助等方式促进白酒产业结构调整。

③完善烘烤技术操作。一方面，通过简化散叶烤房结构，降低耗材；另一方面，进一步加大散叶烘烤装烟量、烘烤的机械化和智能化程度，降低人工成本。

④加强烘烤人才培训与储备。加强散叶烘烤技术人才的培训，培育一支一流水平的散叶烘烤人才队伍，并加强烘烤人才储备，对散叶烘烤技术的应用研究和推广具有重要的现实意义。

七、新能源汽车产业

1. 新能源汽车产业链

(1) 上游。产业链上游主要由动力电池、电控系统以及驱动电机组成。

(2) 中游。产业链中游为整车装配环节，目前贵阳、贵安新区、遵义、毕节、安顺、六盘水、黔东南州等地均具有整车企业。

(3) 下游。充电桩和充电站为新能源汽车产业链下游。

2. 存在的问题

(1) 产业链的上下游企业较少，配套不完善。贵州新能源汽车产业链的上游企业较少，全省没有全覆盖，在电池、电机以及电控系统的设计和开发方面，贵州较好的生产研发企业较少，中游整车装配企业数量也不能满足日后产业的发展。

(2) 技术和人才欠缺。新能源汽车对车载电源产品安全可靠性、一致性、转化效率、电磁兼容、功率密度等方面具有很高的技术要求，这些技术都需要企业大量的研发投入与长期的积累，需要跨学科、综合性的新型技术人才作为保障。

3. 对策建议

(1) 引进或培育龙头企业，完善产业链配套。政府出台具体激励措施，通过内培外引，使行业内的龙头企业尤其是上游企业能落户贵州。

(2) 大力推动企业战略联盟，促进产学研合作。企业通过产学研合作将新的科研成果产业化，投入新能源汽车的生产和研发中，提高产品研发质量，增强自主创造能力，提高核心竞争力。

(3) 完善新能源汽车产业标准体系。新能源汽车产业的技术标准尚未完全统一。在现有的新能源汽车企业标准的基础上，进一步形成产业标准体系，使得产品质量规范化、标准化，有效维护新能源汽车市场的有序健康发展。

八、节能环保产业

1. 产业链

(1) 上游企业。上游主要由环保设备商、环保监测产品、节能减排产品及三废处理设备等环保产品构成。节能环保产业链的上游为其产业链的形成奠定了基础。

(2) 中游行业。中游为环保解决方案，主要为环保集成、环保行业解决方案等。

(3) 下游行业。下游产品即为环保工程的建设，包括化工厂、水厂、发电厂、污水处理等环保工程的承包与建设。

2. 存在的问题

节能环保产业链现阶段存在的问题主要体现在节能环保产品的研发技术及人才稀缺，不能有效支撑节能环保产业健康有序发展方面。另外，贵州省内目前尚未形成分工较为明确的成熟产业链模式。

3. 对策及措施

(1) 强化科技创新，提升产业核心竞争力。完善以企业为主体、市场为导向、产学研相结合的技术创新体系，重点开发推广高效节能技术装备及产品，示范推广先进环保技术装备及产品，促进中小企业创新发展。

(2) 积极培育市场，营造良好市场环境。加大政府引导和支持力度，加快高效节能产品、环境标志产品和资源循环利用产品等的推广应用。鼓励绿色消费、循环消费、信息消费，创新消费模式，促进消费结构升级。

第三节　贵州省大生态产业发展布局

一、贵州省“四型”产业发展布局优化

根据贵州省资源分布特征、产业发展现状、产业布局存在的问题，按照主导产业功能定位优先原则，对贵州省“四型”产业布局进行优化，将其划分为五大区域，分别为黔东山地丘陵区生态利用型产业区、黔西高原山地低碳清洁型-生态利用型产业区、黔南中低山盆谷生态利用型-低碳清洁型产业区、黔北山原中山区生态利用型-循环高效型产业区和黔中丘原山地循环高效型-低碳清洁型-环境治理型产业区(图 8-3)。

(1) 黔东山地丘陵区生态利用型产业区。主要包括除凯里市以外的黔东南州所有县市，铜仁市除德江县和思南县以外的所有县市和黔南州的荔波县、三都水族自治县。该区域重点发展林业培育与加工产业、民族文化旅游产业，培育两条产业带。一条是以黔东南民族文化和梵净山佛教文化为主题的生态+文化旅游产业带，另一条是以厦蓉高速、黎三高速为纽带的木材加工产业带。

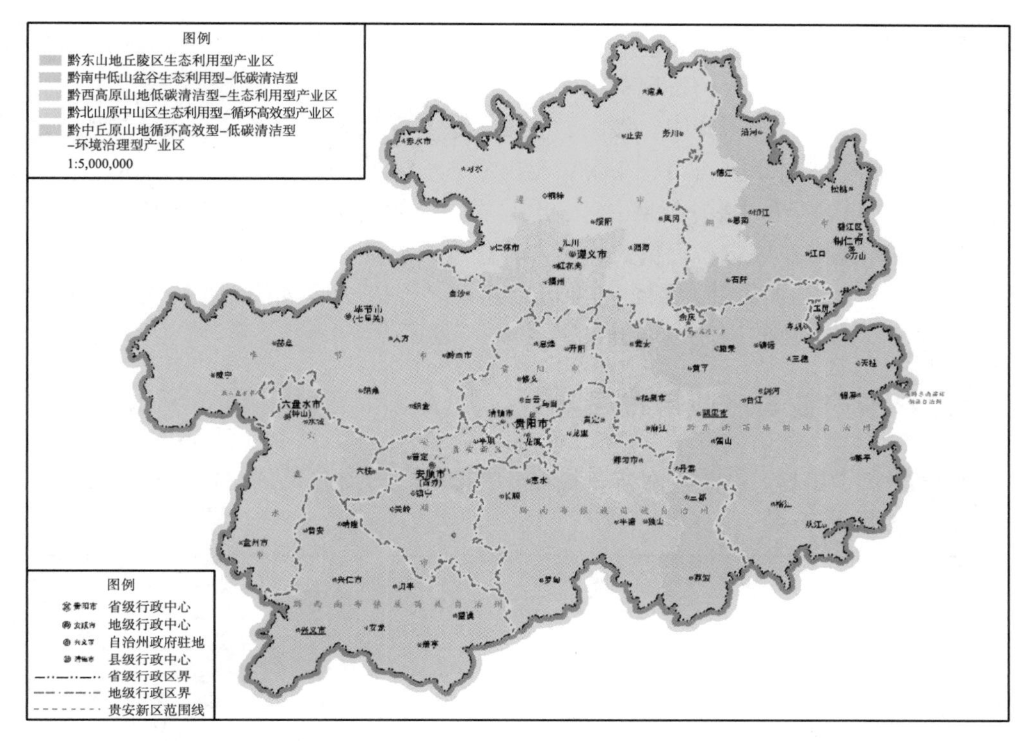

图 8-3　贵州省四型产业布局图

(2)黔西高原山地低碳清洁型–生态利用型产业区。主要包括毕节市、六盘水市和安顺市的普定县。该区域重点发展清洁能源(风电)、中药材产业、山地特色高效农业和山地旅游产业。

(3)黔南中低山盆谷生态利用型–低碳清洁型产业区。主要包括黔西南州、黔南州除了荔波县和三都水族自治县的所有县市，安顺市的关岭县、镇宁县。该区域重点发展刺梨产业、中药材产业、薏米产业和科普旅游，打造形成刺梨种植–加工–销售为一体的产业带和以“中国天眼”为核心的科普旅游产业带。

(4)黔北山原中山区生态利用型–循环高效型产业区。主要包括遵义市除了汇川区、红花岗区和播州区以外的县市、铜仁市的德江县和思南县。该区域重点布局茶产业、现代山地特色高效农业、绿色轻工业(烟–酒)和以茅台镇为核心的工旅一体化旅游产业。

(5)黔中丘原山地循环高效型–低碳清洁型–环境治理型产业区。主要为黔中地区。该区域重点布局大健康医药、新能源汽车、节能环保服务业产业。

二、现代山地特色高效农业产业布局

对现代山地特色高效农业中的茶产业、生态畜牧业、食用菌、特色粮食产业进行重点布局。

茶产业：重点在都匀、贵定、平塘、瓮安、凤冈、余庆、西秀、普定等 42 个县(市、区)打造茶叶产业主产区，建设种植、产品研发、销售、出口、产业园区建设、茶旅乡村游为一体的产业链。

生态畜牧业：重点在纳雍、织金、黔西、金沙、盘州、水城、六枝、都匀、凤冈、余庆、西秀等 57 个县(市、区)打造生态畜牧产业区。建设育种、养殖、加工、沼气循环利用、草料生产、养殖一体化的发展链条。

食用菌：重点在白云、开阳、绥阳、正安、道真、凤冈、湄潭、余庆、习水、关岭、紫云、大方、威宁、赫章、万山、玉屏、沿河等 58 个县(市、区)打造食用菌产业区，建设园区基地与农户生产、龙头企业(合作社)与农户有效衔接一体化的发展链条。

特色粮食：重点在威宁、七星关、大方、盘州、水城、六枝、兴义、晴隆、习水、桐梓等 63 个县(市、区)打造特色粮食产业区，建设“种植-加工-产品研发-销售-田园生态旅游小镇打造”为一体的产业发展链条。

三、生态林业产业与产业带布局

根据贵州省“东杉、西果、南桉、北竹、中松茶”的资源禀赋和特点，林业产业重点打造五个产业带(图 8-4)。

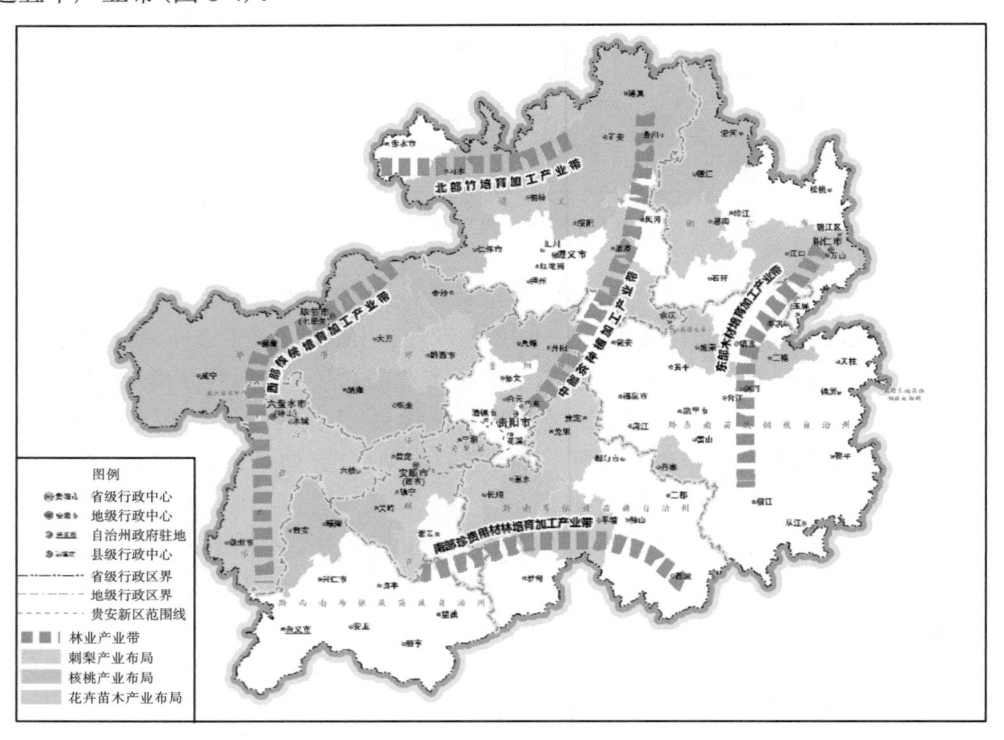

图 8-4 贵州省生态林业产业布局图

(1) 东部木材培育加工产业带。以木材精深加工和林副产品加工产业为主导产业，形成厦蓉高速、黎三高速木材加工产业带。

(2) 西部核桃培育加工产业带。以核桃种植及加工为主导产业，形成毕威、毕兴高速核桃产业带。

(3) 南部珍贵用材林培育加工产业带。以桉树速生丰产林种植与加工为支撑，形成南部环省高速木材加工产业带。

(4)北部竹培育加工产业带。以竹培育加工为支撑，形成仁赤高速竹加工产业带。培育扶持龙头企业，大力发展竹浆造纸、竹家具、竹塑复合材料、竹工艺品等精深加工产品，推进活性炭等林化产品加工，延长产业链，促进林副产品的高效利用。

(5)中部茶种植加工产业带。大力发展茶叶、花卉产业、刺梨与森林康养等产业，加快刺梨产品研发，促进精深加工，形成产业集群。

刺梨重点在六盘水市、安顺市、毕节市、黔南州 4 个产业基础较好的市州，龙里、贵定、长顺、惠水、平塘、西秀、平坝、普定、镇宁、盘州、水城、六枝、黔西、大方 14 个县(市、区)打造刺梨产业带，建设生产、加工、销售一体化产业链。

花卉产业以兰海、沪昆、汕昆、厦蓉、杭瑞高速公路为纽带进行布局，重点布局在遵义市、铜仁市、贵阳市、黔东南州 4 个自然环境较好的市(州)，惠水县、乌当区、湄潭县、江口县、三穗县、丹寨县、施秉县、大方县、钟山区、思南县、余庆县等县区为高速沿线主要分布区。

核桃产业重点布局在威宁、赫章、七星关、大方、黔西、纳雍、织金、金沙、水城、钟山、六枝、盘州、普定、普安、正安、道真、务川、仁怀、习水、桐梓、绥阳、沿河、德江、思南、息烽、开阳、长顺、晴隆、镇宁、关岭 30 个县(市、区)。

四、山地旅游业产业发展布局

结合旅游市场的需求与发展趋势的分析，积极整合旅游资源，统领全省旅游产业发展，不断延伸旅游产业链，扩大旅游产业经济效益，优化贵州省产业结构，构建以“九心”“三带”“四廊道”“六片区”为主的现代旅游产业格局(图 8-5)。

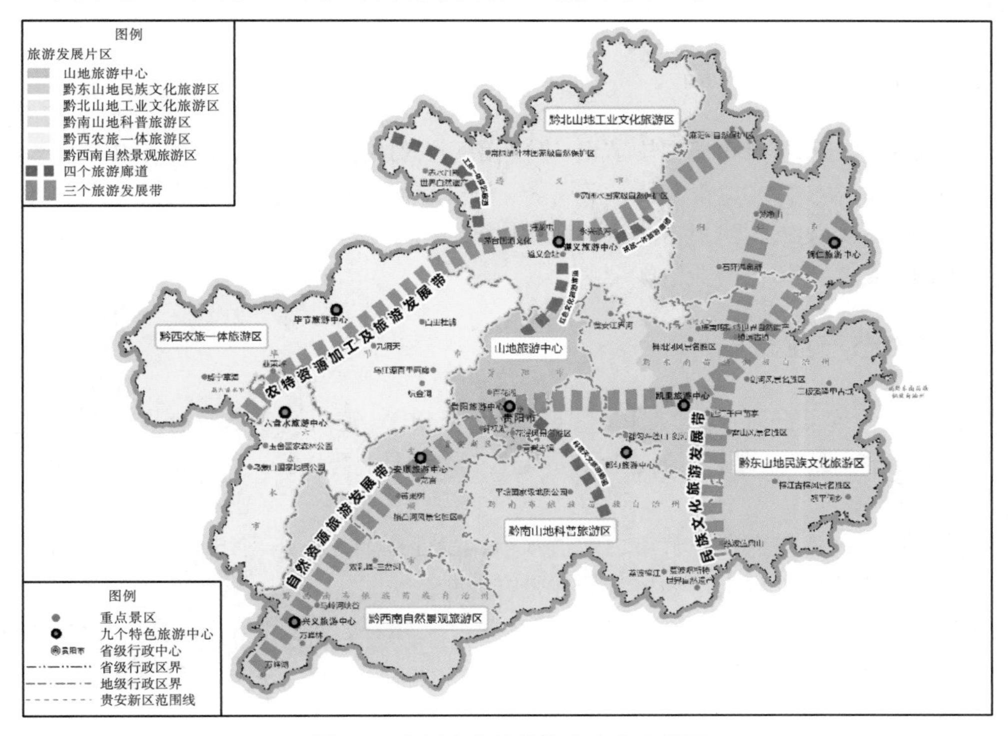

图 8-5　贵州省山地旅游业产业布局图

（1）“九心”。“九心”指贵阳、毕节、凯里、都匀、安顺、兴义、遵义、六盘水、铜仁 9 个具有不同特色的旅游片区。依托贵州省全域旅游战略的开发建设，聚合特色元素，打造全省旅游集散节点。

（2）“三带”。自然资源旅游发展带：依托自然景观旅游资源优势，打造一条贵州省旅游大通道，有效将优质旅游资源串联起来，实现区域旅游资源的联动发展；民族文化旅游发展带：依托黔南多元的民族及文化优势，积极开发文旅一体化的旅游产业链条，实现文化保护传播和产业链升级的双重推动；农特资源加工及旅游发展带：依托黔北丰富的农业资源、气候优势，发展与泛旅游产业相关的文化旅游轻工业产业业态，带动农业产业功能与旅游相结合，实现绿色致富。同时，积极加强与周边各省之间的旅游合作。

（3）“四廊道”。“四廊道”指工旅一体化旅游廊道、科普天文旅游廊道、红色文化旅游廊道、茶旅一体旅游廊道。四条廊道依托区域资源优势，走特色山地旅游发展道路，弘扬红色文化、开发文化旅游商品、发展科技创新产业、加强工业文化遗产保护、开发特色农副产品，丰富旅游产品供给。

（4）“六片区”。“六片区”指山地旅游中心、黔北山地工业文化旅游区、黔南山地科普旅游区、黔西农旅一体旅游区、黔西南自然景观旅游区、黔东山地民族文化旅游区。六大片区依托良好生态环境、优质的旅游资源条件，充分发挥旅游品牌优势，逐步推进自然生态、民族文化、历史人文、观光休闲、生态养生和农业体验等融合旅游发展模式，构建特色精品旅游产品体系，加快旅游资源整合，促进旅游产业转型升级，延伸旅游产业链，采取资源共享与项目市场化动作的方式，大力发展山地旅游，助推生态文明建设和产业转型升级。

五、大健康医药产业布局

大健康医疗产业重点布局在毕节市、黔西南州、黔南州、铜仁市和遵义市 5 个产业基础较好的市州，六枝特区、普定县、平坝区、贵安新区、观山湖区、修文县、习水县、龙里县、大方县、兴义市、凯里市、碧江区 12 个县(市、区)打造大健康医疗产业带，建设生产、流通、销售一体化产业链。

六、其他生态产业布局

绿色轻工业重点在习水县、仁怀市、金沙县、播州区、汇川区 5 个产业基础较好县(市、区)形成赤水河白酒产业带，在云岩区、贵定县、镇远县、碧江区、兴义市 5 个县(市、区)呈散点式分布。

新能源汽车产业重点在毕节市、六盘水市、黔西南州、黔东南州、铜仁市、遵义市、贵阳市 7 个市州形成以贵阳市为核心的环带产业带。

节能环保产业重点在平坝区、修文县、仁怀市、习水县、赤水市等 5 个县市建设产业带。

第四节　大生态产业助推生态文明建设路径

贵州省始终坚定不移地推进生态文明建设，坚持生态优先，绿色发展，践行“绿水青山就是金山银山”的发展理念，为中国特色社会主义生态文明建设提供了可推广、可借鉴、可复制的宝贵经验。

一、推进生态文明建设，构建高质量发展的国土空间布局

推进落实主体功能定位，完善配套政策，实现生态环境控制区、生态环境恢复区、生态环境保护区、生态环境开发区按主体功能发展，以土地利用总体规划自上而下逐级控制的约束性指标和总体布局为“底盘”，以永久基本农田保护红线、生态保护红线和城市开发边界为“底线”，结合资源环境承载力状况、开发与保护的目标与需求，推动构建高质量发展的国土空间布局。

二、盘活生态资产，实现“金山银山”减贫经济效益

“十三五”时期，喀斯特石漠化地区的生态环境治理和消除贫困已经逐渐成为政府与学者的共识，如何将生态修复重建与发展绿色经济结合起来是喀斯特地区生态建设和扶贫开发亟待解决的问题。探讨生态产品价值实现与生态补偿机制，如何盘活生态资产实现“金山银山”。作为国家生态文明建设试验区，发挥喀斯特山区的生态环境优势和生态文明体制机制创新成果优势，大力推进生态文明建设示范性研究工作。系统评估区域生态资产，探讨生态资产与区域贫困时空分布关系，基于区域生态资产合理规划、布局发展绿色产业，制定大生态与大扶贫深度融合的制度体系。

三、巩固易地扶贫搬迁脱贫成果，有效衔接乡村振兴战略

从搬迁效益、政策合法性、安置质量、社会治理系统与工程、实施成效与价值等方面对贵州省“十三五”时期易地扶贫搬迁进行评估。构建风险预测模型对易扶搬迁群众的后续发展进行监测和预警。通过对“十三五”易地扶贫搬迁工程的实施效果进行监测评估，厘清易地扶贫搬迁群众生产生活方式、观念变化的演变过程与轨迹，对易地扶贫搬迁群众风险性进行预测，提出进一步巩固易地扶贫搬迁后续可持续发展的对策建议。

四、着力产业优化布局，因地制宜促振兴

以主导产业为线，做好基本款。以“一县一业”为主导，做大生态产业基本款。以优势产业为尺，做好经典款。以“一村一特”为基调，立足各村独特的资源优势，尊重当地群众种养传统，鼓励村级连片发展，深入挖掘具有区域资源禀赋、人文内涵、民族特色的优势产业，形成村村有产业的多样化发展模式。以村级合作社带头发展打造特色农业基地、

特色养殖场等。通过激发群众自身发展内动力以点带面，形成了万亩规模以上产业园、千亩蔬菜基地等一批重大项目。以特色产业为主，做好品质款，打造精品为重点，大力扶持国家级重点龙头企业，做特做强促振兴。

五、构建绿色管理机制体系，实现生态产业化与产业生态化

坚定“生态优先、绿色发展”战略思想，转变发展观念。加快建立绿色生产和消费的法规制度和政策措施，形成多领域、宽层次、较完备的法制支撑和制度体系。严格落实生态保护红线，强化主体功能区定位，强化国土空间开发保护，完善产业准入负面清单制度。按照“谁保护、谁受益，谁污染、谁补偿”的原则，完善生态补偿机制，探索建立多元化补偿机制，探索政府购买生态产品及其服务，鼓励生态损益双方自主协商补偿等模式。强化绿色金融支撑，加大精准施策力度，构建凸显生态特点的绿色金融体系，制定支持绿色金融发展的政策。加大金融对生态项目的融资支持，促进绿色产业、生态环境治理和金融深度融合，建立全省大生态项目库，支持生态环境效益显著的项目纳入大生态项目库，加大金融对大生态项目的融资支持，稳步扩大生态产业规模。创新政策供给，健全完善各项政策措施，从财政金融、投资政策、价格政策、土地政策、环境政策、运营监管等方面实施政策创新，积极营造有利于大生态产业发展的制度环境，促进各类要素聚集绿色发展。

随着贵州经济社会持续加快发展，环境承载压力加大，经济发展与人口资源环境之间的矛盾日益凸显，经济基础薄弱、生态环境脆弱仍将是长期制约当地加快发展的“瓶颈”，生态保护和建设任务十分紧迫而艰巨。贵州作为国家生态文明试验区，肩负着探索并完善生态文明制度体系发展路径，积累并形成可复制推广成功经验的责任。深入学习贯彻党的二十大精神，为贵州的“乡村振兴”“大数据”“大生态”新的三大战略，为“十四五”规划布局，为贵州省守住发展和生态两条底线，走出一条有别于东部、不同于西部其他省份的发展新路提供高质量重大科技支撑。

参 考 文 献

Robertsma，杨国安，2003. 可持续发展研究方法国际进展——脆弱性分析方法与可持续生计方法比较[J]. 地理科学进展(1)：11-21.

敖以深，2017. 高原山地城市现代化路径选择：贵阳生态文明城市建设的实践与转型[J]. 社科纵横，32(2)：78-82.

白兰，2015. 贵州省脆弱生态环境与贫困耦合关系研究[D]. 贵阳：贵州大学.

柏威，2018. 威宁彝族回族苗族自治县易地扶贫搬迁绩效评价研究[D]. 贵阳：贵州民族大学.

鲍尔，宗士，1964. 不发达经济的研究[J]. 现代外国哲学社会科学文摘(4)：22-27.

陈辞，2014. 生态产品的供给机制与制度创新研究[J]. 生态经济，30(8)：76-79.

陈慧萍，2019. 生态人类学视角下民族地区生态旅游扶贫研究——以贵州省中洞苗寨为例[J]. 贵州民族研究，40(12)：139-145.

陈明华，张玻华，朱勤，2013. 赤水河流域经济社会发展方式研究[J]. 人民长江，44(10)：121-124.

陈起伟，熊康宁，兰安军，2014. 基于3S的贵州喀斯特石漠化遥感监测研究[J]. 干旱区资源与环境，28(3)：62-67.

陈清惠，2007. 喀斯特生态环境脆弱性特征及其生态防治——以贵州省为例[J]. 山地农业生物学报，26(3)：244-247.

陈全，周忠发，闫利会，2016. 国家重点生态功能区生态文明建设评价——以贵州省荔波县为例[J]. 中国农业资源与区划，37(9)：1-6.

邓桢柱，张靖然，2021. 贵州易地扶贫搬迁社区经济发展研究——基于社区集体发展的视角[J]. 北京林业大学学报(社会科学版)，20(3)：73-81.

杜建红，2010. 生态与民主问题调研——读 Roy Morrison 的《Ecological Democracy》[J]. 文学界(理论版)(4)：255，287.

段忠贤，黄月又，黄其松，2019. 中国易地扶贫搬迁政策议程设置过程——基于多源流理论分析[J]. 西南民族大学学报(人文社科版)，40(10)：193-197.

樊杰，2007. 我国主体功能区划的科学基础[J]. 地理学报(4)：339-350.

樊杰，2017. 我国空间治理体系现代化在“十九大”后的新态势[J]. 中国科学院院刊，32(4)：396-404.

樊杰，孙威，陈东，2009. “十一五”期间地域空间规划的科技创新及对“十二五”规划的政策建议[J]. 中国科学院院刊，24(6)：601-609.

樊杰，周侃，陈东，2013. 生态文明建设中优化国土空间开发格局的经济地理学研究创新与应用实践[J]. 经济地理，33(1)：1-8.

费切尔，孟庆时，1982. 论人类生存的环境——兼论进步的辩证法[J]. 哲学译丛(5)：54-57.

冯倩，周忠发，侯玉婷，等，2017. 水源涵养型国家重点生态功能区生态功能评价：以贵州省三都水族自治县为例[J]. 环境工程，35(12)：154-158.

高聪颖，吴文琦，贺东航，2016. 扶贫搬迁安置区农民可持续生计问题研究[J]. 中共福建省委党校学报(9)：91-97.

高贵龙，邓自民，熊康宁，等，2003. 喀斯特的呼唤与希望——贵州喀斯特生态环境建设与可持续发展[M]. 贵阳：贵州科技出版社.

高吉喜，等，2013. 区域生态资产评估——理论、方法与应用[M]. 北京：科学出版社.

高雨晨，2017. 绿色产业视角下推进贵州精准扶贫研究[J]. 经营管理者(22)：3-4.

谷树忠，胡咏君，周洪，2013. 生态文明建设的科学内涵与基本路径[J]. 资源科学，35(1)：2-13.

贵州省地质矿产局，2013. 贵州省岩石地层[M]. 武汉：中国地质大学出版社.
桂德竹，王硕，张成成，2016. “多规合一”空间规划底图编制方法[J]. 测绘与空间地理信息，39(8)：20-23.
韩青，2011. 城市总体规划与主体功能区规划空间协调研究[D]. 北京：清华大学.
黄登红，周忠发，王历，等，2018. 贵州省生态保护红线云GIS监管平台研究与实现[J]. 现代电子技术，41(8)：87-91.
黄如良，2015. 生态产品价值评估问题探讨[J]. 中国人口·资源与环境，25(3)：26-33.
金梅，申云，2017. 易地扶贫搬迁模式与农户生计资本变动——基于准实验的政策评估[J]. 广东财经大学学报，32(5)：70-81.
金朔，2018. 贵州省易地扶贫搬迁效益研究[D]. 贵阳：贵州大学.
孔德帅，2017. 区域生态补偿机制研究[D]. 北京：中国农业大学.
李建，徐建锋，2018. 长江经济带水流生态保护补偿研究[J]. 三峡生态环境监测，3(3)：25-32.
李兴中，2001. 晚新生代贵州高原喀斯特地貌演进及其影响因素[J]. 贵州地质，18(1)：29-36.
李兴中，2002. 贵州高原喀斯特景观及其旅游形象[J]. 贵州地质(2)：103-108.
李宇军，张继焦，2017. 易地扶贫搬迁必须发挥受扶主体的能动性——基于贵州黔西南州的调查及思考[J]. 中南民族大学学报(人文社会科学版)，37(5)：156-159.
李宗发，2011. 贵州喀斯特地貌分区[J]. 贵州地质，28(3)：177-182.
刘慧，叶尔肯·吾扎提，2013. 中国西部地区生态扶贫策略研究[J]. 中国人口·资源与环境，23(10)：52-58.
刘纪远，刘文超，匡文慧，等，2016. 基于主体功能区规划的中国城乡建设用地扩张时空特征遥感分析[J]. 地理学报，71(3)：355-369.
刘正威，1991. 粮食人口生态协调发展是山区脱贫的基础[J]. 求是杂志(20)：28-31.
龙敏，2016. 贵阳市饮用水源地生态补偿机制研究[J]. 贵阳市委党校学报(5)：16-19，55.
卢耀如，1986. 中国喀斯特地貌的演化模式[J]. 地理研究，5(4)：25-35.
卢耀如，2000. 岩溶：奇峰异洞的世界[M]. 北京：清华大学出版社，广州：暨南大学出版社.
卢岳华，2004. 全面建设小康社会与我国中西部农村扶贫开发的思考[J]. 求索(2)：40-41.
鲁能，何昊，2018. 易地移民搬迁精准扶贫效益评价：理论依据与体系初探[J]. 西北大学学报(哲学社会科学版)，48(4)：75-83.
孟向京，2016. 中国生态移民的理论与实践研究[M]. 北京：中国人民大学出版社.
宁静，殷浩栋，汪三贵，等，2018. 易地扶贫搬迁减少了贫困脆弱性吗？——基于8省16县易地扶贫搬迁准实验研究的PSM-DID分析[J]. 中国人口·资源与环境，28(11)：20-28.
潘吉海，2019. 贵州少数民族地区精准扶贫研究[D]. 上海：华东师范大学.
黔瞻时评，2019. 易地扶贫搬迁的“贵州奇迹”[N]. 贵州日报，2019-12-26(001).
宋林华，1986. 喀斯特洼地的发育机理及其水文地质意义[J]. 地理学报，41(1)：41-50.
苏维词，朱文孝，2000. 贵州喀斯特山区生态环境脆弱性分析[J]. 山地学报，18(5)：429-434.
孙小涛，周忠发，陈全，2017. 重点生态功能区人口-经济-生态环境耦合协调发展探讨——以贵州省沿河县为例[J]. 重庆师范大学学报，34(4)：127-134.
檀学文，2019. 中国移民扶贫70年变迁研究[J]. 中国农村经济(8)：2-19.
王红霞，2019. 贵州生态文明建设的实践与探索[J]. 新西部(28)：31-35.
王晶，孔凡斌，2012. 区域产业生态化效率评价研究——以鄱阳湖生态经济区为例[J]. 经济地理，32(12)：101-107.
王俊，陈行，黎栋梁，2016. 时空信息聚合：“多规合一”信息化研究[J]. 城市规划，40(6)：32-36，88.
王陆潇，刘晓，罗庆俊，2017. 探索用大数据推动生态文明建设新模式[J]. 环境保护，45(14)：72-73.
王潜，韩永伟，2007. 县域国土主体功能区划分及生态控制[J]. 环境保护(1)：50-52.

王世杰，李阳兵，李瑞玲，2003. 喀斯特石漠化的形成背景、演化与治理[J]. 第四纪研究(6)：657-666.

王淑宜，2019. 擘画“绿色贵州”美丽画卷[J]. 当代贵州(17)：22-23.

王晓毅，2016. 易地扶贫搬迁方式的转变与创新[J]. 改革(8)：71-73.

王兴华，2014. 西南地区发展生态产品存在的问题与对策研究[J]. 生态经济，30(4)：110-114.

王萱，2011. 生态难民的救济与保护[D]. 苏州：苏州大学.

王业强，魏后凯，2015. “十三五”时期国家区域发展战略调整与应对[J]. 中国软科学(5)：88-96.

王瀛娴，2011. 贵州绿色产业的发展及思考[J]. 学理论(11)：52-53.

王永平，袁家榆，等，2008. 贵州易地扶贫搬迁安置模式的探索与实践[J]. 生态经济(学术版)(1)：400-401，422

王雨辰，2008. 西方生态学马克思主义生态文明理论的三个维度及其意义[J]. 淮海工学院学报(社会科学版)，6(4)：1-4.

王雨辰，2021a. 略论社会主义生态文明观及其当代价值[J]. 理论与评论(3)：5-16.

王雨辰，2021b. 西方生态思潮对我国生态文明理论研究和建设实践的影响[J]. 福建师范大学学报(哲学社会科学版)(2)：29-39，171.

王增，张涛，2021. 当前中国易地扶贫搬迁工作存在的问题及对策研究[J]. 农村经济与科技，32(3)：113-115.

王之明，李海英，安宏锋，等，2017. 贵州省国家重点生态功能区县域生态环境质量考核工作现状及存在问题[J]. 环保科技，23(4)：28-30，47.

文贤庆，2015. 大数据技术及其在生态文明建设中的应用[J]. 南京林业大学学报(人文社会科学版)，15(1)：9-19.

吴大旬，2018. 国家生态文明试验区建设述论——以贵州省为例[J]. 江西农业(18)：122-123.

吴沿友，2002. 喀斯特山区的资源开发与脱贫致富[J]. 农业环境与发展(5)：19-21.

肖时珍，2007. 中国南方喀斯特发育特征与世界自然遗产价值研究[D]. 贵阳：贵州师范大学.

谢高地，张彩霞，张雷明，等，2015. 基于单位面积价值当量因子的生态系统服务价值化方法改进[J]. 自然资源学报，30(8)：1243-1254.

谢俊奇，1999. 可持续土地管理研究回顾与前瞻[J]. 中国土地科学(1)：3-5.

谢雅婷，周忠发，闫利会，等，2017. 贵州省石漠化敏感区生态红线空间分异与管控措施研究[J]. 长江流域资源与环境，26(4)：624-630.

熊康宁，1996. 新构造运动对贵州锥状喀斯特发育的影响[J]. 贵州地质(2)：181-186.

熊康宁，2013. 中国南方喀斯特与世界自然遗产[C]//山地环境与生态文明建设——中国地理学会 2013 年学术年会·西南片区会议论文集. 昆明：中国地理学会 2013 年学术年会.

熊康宁，黎平，周忠发，等，2002. 喀斯特石漠化的遥感 GIS 典型研究——以贵州省为例[M]. 北京：地质出版社.

熊康宁，盈斌，罗娅，等，2009. 喀斯特石漠化的演变趋势与综合治理——以贵州省为例[C]//中国林学会，长江流域生态建设与区域科学发展研讨会优秀论文集. 中国林学会.

熊康宁，池永宽，2015. 中国南方喀斯特生态系统面临的问题及对策[J]. 生态经济，31(1)：23-30.

徐彬，2017. 浅析大数据背景下的生态文明建设理论研究[J]. 黑龙江科技信息(10)：152.

徐洁，谢高地，肖玉，等，2019. 国家重点生态功能区生态环境质量变化动态分析[J]. 生态学报，39(9)：3039-3050.

徐永田，2011. 我国生态补偿模式及实践综述[J]. 人民长江，42(11)：68-73.

颜红霞，韩星焕，2017. 中国特色社会主义生态扶贫理论内涵及贵州实践启示[J]. 贵州社会科学(4)：142-148.

杨海军，李营，朱海涛，等，2015. 国家重点生态功能区县域生态环境质量遥感考核方法研究[J]. 环境与可持续发展，40(5)：41-43.

杨怀仁，1944. 贵州中部之地形发育[J]. 地理学报，11(0)：1-14.

杨明德，1993. 论热带喀斯特地貌结构及演化特征[M]. 北京：地震出版社.
杨绍东，2009. 论“保住青山绿水也是政绩”对贵州的重要意义[J]. 理论与当代(2)：14-16.
杨胜元，2009. 贵州地质灾害及其防治[M]. 贵阳：贵州科技出版社.
叶青，苏海，2016. 政策实践与资本重置：贵州易地扶贫搬迁的经验表达[J]. 中国农业大学学报(社会科学版)，33(5)：64-70.
叶有华等，2017. 深圳市自然资源资产核算技术研究[M]. 北京：科学出版社.
易佳晨，2021. 贵州省易地搬迁后扶发展模式与政策研究[C]. 面向高质量发展的空间治理——2021 中国城市规划年会论文集：1024-1030.
袁春，周常萍，童立强，2003. 贵州土地石漠化的形成原因及其治理对策[J]. 现代地质，17(2)：181-185.
袁道先，蒋勇军，沈立成，等，2016. 现代岩溶学[M]. 北京：科学出版社.
曾永涛，2016. 精准扶贫必须因户施策“拔穷根”[J]. 中国党政干部论坛(5)：87.
张辰，苏政兴，2013. 论西部地区生态文明建设[J]. 北方经济(12)：3-4.
张殿发，王世杰，李瑞玲，2002. 贵州省喀斯特山区生态环境脆弱性研究[J]. 地理学与国土研究，18(1)：77-79.
张冬青，林昌虎，何腾兵，2006. 贵州喀斯特环境特征与石漠化的形成[J]. 水土保持研究，13(1)：220-223.
张海盈，姚娟，马娟，2013. 生计资本与参与旅游业牧民生计策略关系研究——以新疆喀纳斯生态旅游景区为例[J]. 旅游论坛，6(4)：40-44.
张可云，2008. 主体功能区与生态文明[J]. 人民论坛(3)：12-13.
张世从，1984. 黔南岩溶发育规律的探讨[J]. 中国岩溶，3(2)：39-52，174-177.
张跃胜，2015. 国家重点生态功能区生态补偿监管研究[J]. 中国经济问题(6)：87-96.
赵众炜，2015. 干旱贫困地区发展现代农业的有益尝试——安定区内官营镇文山村脱贫致富的实践与启示[J]. 发展(10)：39-41.
郑娟尔，王世虎，等，2014. 扶贫攻坚与土地政策创新——基于贵州省的调研与思考[J]. 中国国土资源经济(6)：27-30.
郑明波，代振，周俊宇，2017. 基于“多规合一”的三类空间和城镇、农业、生态等边界划定方法探索[J]. 智能城市(8)：156.
中国地理学会地貌专业委员会，1985. 喀斯特地貌与洞穴[M]. 北京：科学出版社.
周鹏，2013. 中国西部地区生态移民可持续发展研究[D]. 北京：中央民族大学.
周忠发，2004. 贵州喀斯特洞穴信息系统研制与应用[D]. 贵阳：贵州师范大学.
周忠发，陈全，谭玮颐，等，2019. 生态文明建设视角下的喀斯特地区易地扶贫搬迁[J]. 生态文明新时代(3)：44-53.
朱文泉，潘耀忠，何浩，等，2006. 中国典型植被最大光利用率模拟[J]. 科学通报，51(6)：700-706.
朱学稳，1991. 峰林喀斯特的性质及其发育和演化的新思考(1)[J]. 中国岩溶，10(1)：51-62.
朱学稳，1991. 峰林喀斯特的性质及其发育和演化的新思考(2)[J]. 中国岩溶，10(2)：137-150.
朱学稳，1991. 峰林喀斯特的性质及其发育和演化的新思考(3)[J]. 中国岩溶，10(3)：171-182.
庄海燕，2017. 基于大数据的生态文明建设综合评价——以生态文明示范区海南省为例[J]. 国土与自然资源研究(4)：38-42.
邹成杰，何宇彬，1995，喀斯特地貌发育的时空演化问题初论[J]. 中国岩溶，14(1)：49-59.
Barkemeyer R，Stringer L C，Hollins，J A，et al.，2015. Corporate reporting on solutions to wicked problems：Sustainable land management in the mining sector[J]. Environmental Science & Policy，48：196-209.
Brown L，2015. Food security：Fragility，responsibility，and the future[J]. Geo. J. Int' l Aff，16：45.
Chen M A，2020. Geriatric issues in patients with or being considered for implanted cardiac rhythm devices：A case-based review[J]. Journal of Geriatric Cardiology，17(11)：710-722.
Costanza R，Cumberland J H A，Daly H，et al.，1997. An Introduction to Ecological Economics[M]. Boca Raton：CRC Press.

Coutavas E，Ren M，Oppenheim J D，et al.，1993. Characterization of proteins that interact with the cell-cycle regulatory protein Ran/TC4[J]. Nature，366：585-587.

Daily G，Dasgupta P，Bolin B，et al.，1998. Food production，population growth，and the environment [J]. Science，281(5381)：1291-1292.

DFID，2000. Sustainable Livelihoods Guidance Sheets[M]. London：Department for International Development.

Fan J，Sun W，Chen D，2009. Scientific and technological innovations in spatial planning during "the 11th Five-Year Plan" period and suggestions to the spatial planning of "the 12th Five-Year Plan" [J]. Bulletin of Chinese Academy of Sciences，24(6)：601-609.

Fan J，Tao A J，Ren Q，2010. On the historical background，scientific intentions，goalorientation，and policy framework of major function-oriented zone planning in China[J]. Journal of Resources and Ecology，1(4)：289-299.

Hartmann J，Germain R，2015. Understanding the relationships of integration capabilities，ecological product design，and manufacturing performance[J]. Journal of Cleaner Production，92：196-205.

Sen A，1986. The causes of famine：A reply [J]. Food Policy，11(2)：125-132.

Xiong S，2018. Influence mechanism for assessment of implementation effect of policy of relocating the poor[J]. Asian Agricultural Research，10(9)：8.

Zhang Z G，1980. Karst types in China [J]. GeoJournal，4(6)：541-570.